高素质技术技能人才培养新形态精品教材

电力电子技术虚拟仿真项目教程

主　编：王　波　李时辉　郑清松
副主编：袁　波　潘　磊

電子工業出版社
Publishing House of Electronics Industry
北京・BEIJING

图书在版编目（CIP）数据

电力电子技术虚拟仿真项目教程 / 王波，李时辉，郑清松主编. —北京：电子工业出版社，2023.11
ISBN 978-7-121-46863-6

Ⅰ. ①电… Ⅱ. ①王… ②李… ③郑… Ⅲ. ①电力电子技术—系统仿真—教材 Ⅳ. ①TM76

中国国家版本馆 CIP 数据核字（2023）第 244031 号

责任编辑：贺志洪
印　　刷：涿州市京南印刷厂
装　　订：涿州市京南印刷厂
出版发行：电子工业出版社
　　　　　北京市海淀区万寿路 173 信箱　邮编 100036
开　　本：787×1 092　1/16　印张：10　字数：256 千字
版　　次：2023 年 11 月第 1 版
印　　次：2023 年 11 月第 1 次印刷
定　　价：49.00 元

凡所购买电子工业出版社图书有缺损问题，请向购买书店调换。若书店售缺，请与本社发行部联系，联系及邮购电话：（010）88254888，88258888。
质量投诉请发邮件至 zlts@phei.com.cn，盗版侵权举报请发邮件至 dbqq@phei.com.cn。
本书咨询联系方式：（010）88254609，hzh@phei.com.cn。

前　言

电力电子技术是以电力为对象的电子技术，它是一门利用各种电力电子器件，对电能进行电压、电流、频率和波形等方面的控制和变换的学科。它包括电力电子器件、电力和控制三部分，是涵盖电力、电子和控制三大电气工程技术的交叉学科。

前言.mp4

在对电力电子电路及系统进行分析的过程中，由于电力电子器件所固有的非线性等特点，使得分析较为困难。但随着 MATLAB、Pspise、Saber、Multisim 等相关模拟仿真软件的出现，为电力电子电路及系统的分析提供了方便、有效的手段，大大简化了电力电子电路及系统的设计和分析过程，这些软件将各种功能子程序模块化，并提供完善的元件模型，用户易于上手，只需简单的操作即可建立电路或系统的模型。这些优点使得模拟仿真软件成为广大用户在学习、研究和开发过程中的必备工具。而 MATLAB 软件由于其 simulink 环境下提供的“SimPowerSystems”工具箱在电力系统分析、电力电子电路分析中令人满意的表现、友好的界面和模块化的形式而受到用户的青睐。本书正是基于该软件，向读者详细介绍电力电子技术的仿真方法和技巧。

本书首先介绍 MATLAB、Simulink 操作指南；然后介绍 Simulink 在电力电子器件特性测试方面的应用及 Simulink 应用于单相相控整流电路、三相相控整流电路、晶闸管有源逆变电路、直流斩波电路、交流调压电路等典型电路的相关知识及仿真方法。本书力求通过实例及讲解，使读者掌握电力电子技术的相应知识及 Simulink 的仿真方法。本书的主要特点有：

（1）本书针对高等职业教育特点，突出理论联系实际，着重强调应用能力。

（2）在项目的选择上力求经典、简明、有代表性。

（3）按步骤指导，易于学习。

本书由义乌工商职业技术学院王波、李时辉、郑清松以及杭州大河在线教育科技有限公司袁波、江苏汇博机器人技术股份有限公司潘磊共同讨论编写，王波负责全书的统稿和定稿。

编写过程中，本书参考了大量的国内外文献，主要的都已列举于参考文献部分，在此向所有作者表示感谢！

由于本书设计范围广，编者水平有限，难免会有疏漏和不当之处，恳请广大读者批评指正。

编　者

目 录

项目准备　Simulink 基本操作指南

1. 仿真平台的建立

首先启动 MATLAB，进入 MATLAB 环境，点击工具栏中的 Simulink 选项，进入所需的仿真环境，如图 0-1 所示。点击“File”→“New”→“Model”命令新建一个仿真平台。

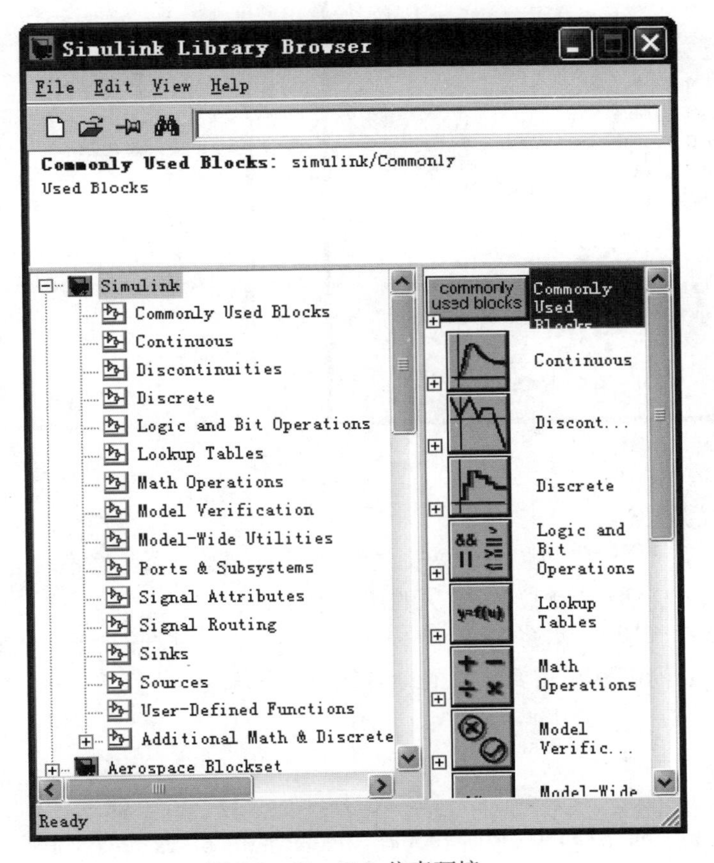

图 0-1　Simulink 仿真环境

Simulink 基本操作指南.mp4

2. 模块的提取

在 Simulink 环境中拉取所需要的模块到 Model 平台中，具体做法是点击左边的器件分类，电力电子仿真实验一般只用到 Simulink 和 SimPowerSystems 两个，分别在它们的下拉选项中找到我们所需的模块，用鼠标左键点击所需的模块不放，然后直接拉到 Model 平台中，如图 0-2 所示。

3. 模块的复制和粘贴

若相同的模块在仿真中多次用到，则可以按模块的提取方法多次提取，也可以按照常规方法进行复制和粘贴。也可以在选中模块的同时按下 Ctrl 键拖拉鼠标，选中的模块上会出现一个小“+”符号，继续按住鼠标和 Ctrl 键，移动鼠标就可以将模块拖拉到模型的其他地方复制出一个相同的模块，同时该模块名后会自动加“1”，因为在同一仿真模型中，不允许出现两个名字相同的模块。

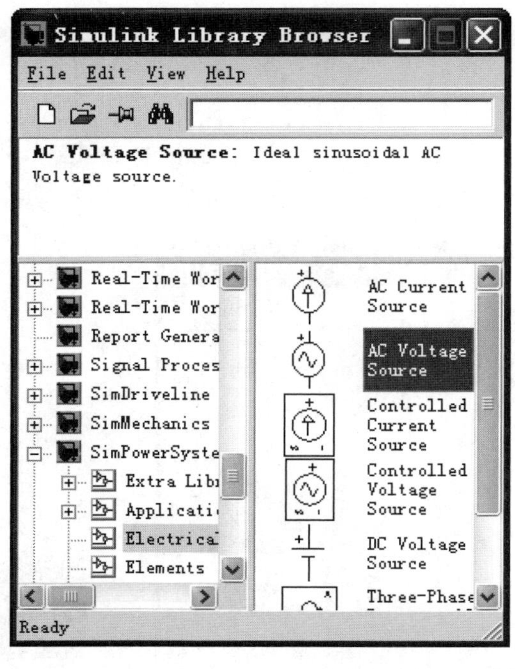

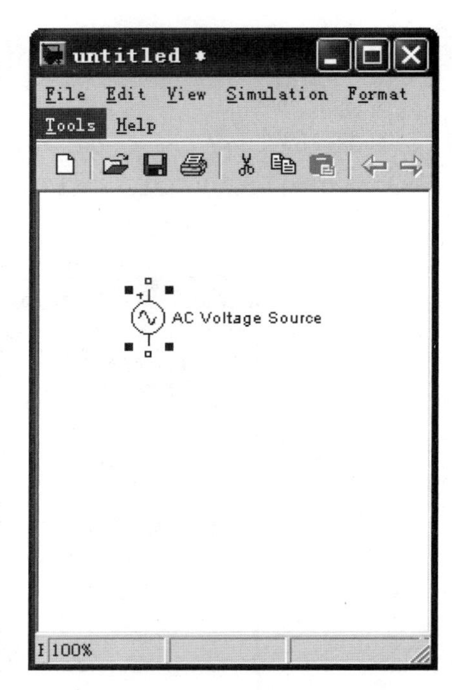

图 0-2　模块的提取

4. 模块位置调整与连线

选中模块移动鼠标，便可以将模块拖拉至需要的位置。调整好模块的位置后，准备进行连线。具体做法是移动鼠标到一个模块的连接点上，会出现一个“+”字型光标，按住鼠标左键不放，一直拉到所要连接的另一个模块的连接点上，放开左键，连线就完成了。如果需要连接分支线，则可以在需要分支的地方按住 Ctrl 建，然后按住鼠标左键便可拉出一根分支线。

5. 模块的旋转与命名

在调整模块位置时，有时需要改变模块的方向便于接线，这时可以选中要改变方向的模块，使用“Format”菜单下的“Flip block”和“Rotate block”两条命令，前者做 180 度旋转，后者做 90 度旋转。也可以按 Ctrl+R 组合键来做 90 度旋转。双击模块旁的文字可以对模块进行命名，注意同一个仿真模型中不允许出现两个相同名字的模块，模块名原则上使用英文。

6. 模块参数设置

设置模块参数是保证仿真准确和顺利的重要一步，有些参数由仿真任务规定，有些参数需要通过仿真确定。设置模块参数可以双击模块图标弹出参数设置对话框，然后按框中提示输入，如图 0-3 所示。

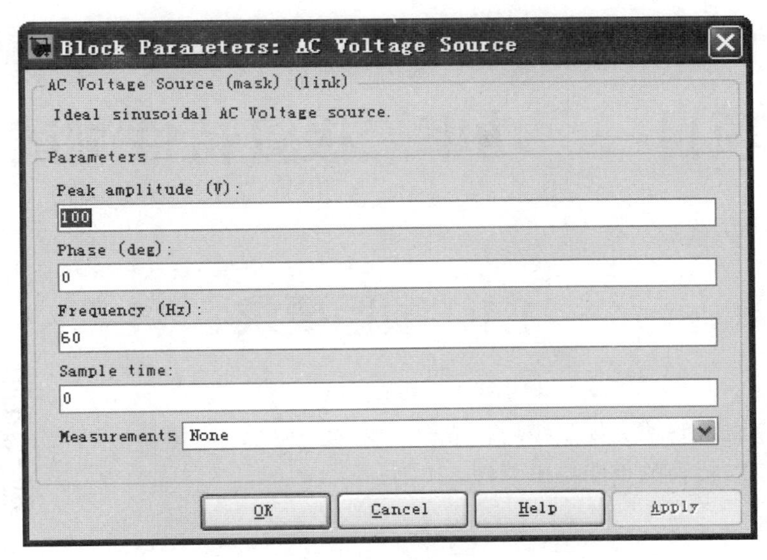

图 0-3　模块参数设置

7. 仿真参数设置

在仿真开始时必须首先设置仿真参数。在单击菜单“Simulation”，在下拉菜单中选择“Configuration Parameters”命令，在弹出的对话框中按提示和仿真要求输入，如图 0-4 所示。

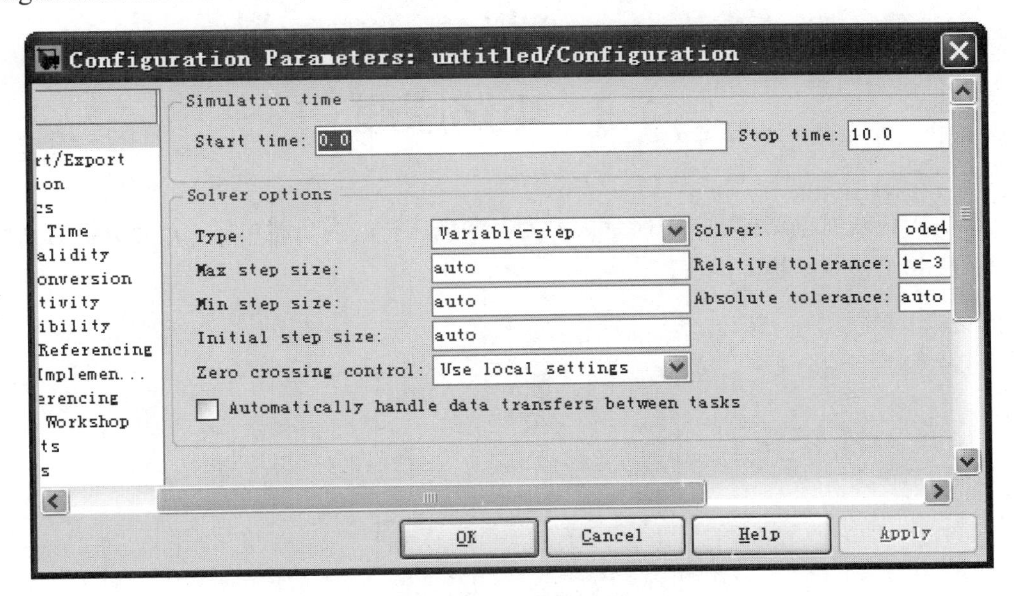

图 0-4　仿真参数设置

项目一　功率二极管特性测试

1.1　项目要求

1. 掌握功率二极管仿真模型模块各参数的含义。
2. 理解功率二极管的单向导电特性。

项目一.mp4

1.2　仿真工具

MATLAB/ Simulink/ SimPowerSystems

1.3　电路原理

功率二极管测试电路如图 1-1 所示。u_2 为电源电压，u_d 为负载电压，i_d 为负载电流，u_{VD} 为功率二极管阳极与阴极间电压。

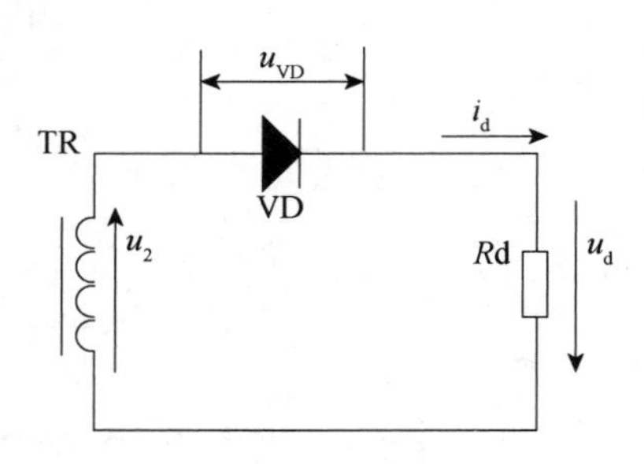

图 1-1　功率二极管测试电路

1.4　项目内容

1. 以图 1-1 为原理图，在 Simulink 中建立功率二极管测试电路仿真模型并进行仿真。

2. 利用 Simulink 中的示波器模块，显示 u_2、u_{VD}、u_d 和 i_d 的波形并记录。

3. 根据仿真结果分析功率二极管的导电特性。

1.5　具体步骤

1. 建立如图 1-2 所示的功率二极管测试电路模型图，模型中需要的模块及其提取路径如表 1-1 所示。

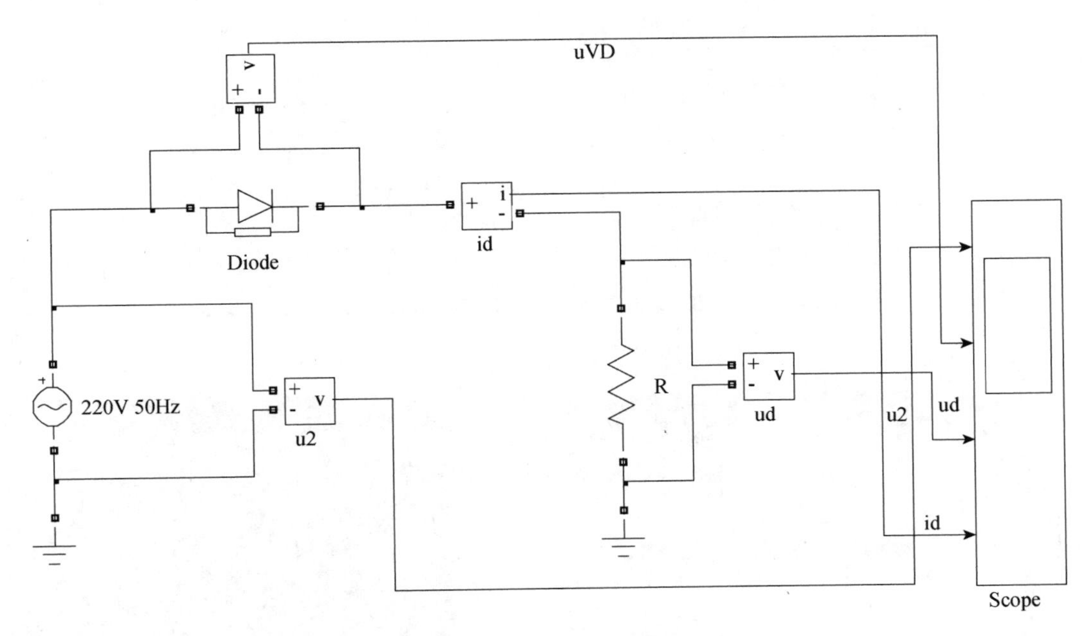

图 1-2　功率二极管测试电路仿真模型

表 1-1　模块名称及其提取路径

模块名称	提取路径
交流电压源	SimPowerSystems/Electrical Sources/AC Voltage Source
功率二极管	SimPowerSystems/Power Electronics/Diode
负载	SimPowerSystems/Elements/Series RLC Branch
接地端子	SimPowerSystems/Elements/Ground
电压表	SimPowerSystems/Measurements/Voltage Measurement
电流表	SimPowerSystems/Measurements/Current Measurement
示波器	Simulink/Sinks/Scope

2. 模块参数设置：交流电压源、负载的参数设置如图 1-3 和图 1-4 所示。当我们从模块库中拉出示波器模块时，示波器只有一个连接端子，即只能显示一路信号。这时需要增加示波器的接线端子，具体做法是双击示波器，弹出如图 1-5 所示的对话框。单击工具栏中的第二个小图标，即打印机图标旁边的图标，弹出如图 1-6 所示的第二个对话框。只要将“Number

of axes”项中的 1 改成所需的端子数即可，本实验需要用到 4 个端子，我们把它改成 4。注意图 1-6 所示对话框还有一个“Data history”选项卡，点击后如图 1-7 所示，去掉“Limit data points to last”前面框中的钩，即取消只显示最后 5000 个数据的限制。本实验中功率二极管可保持默认的参数设置。

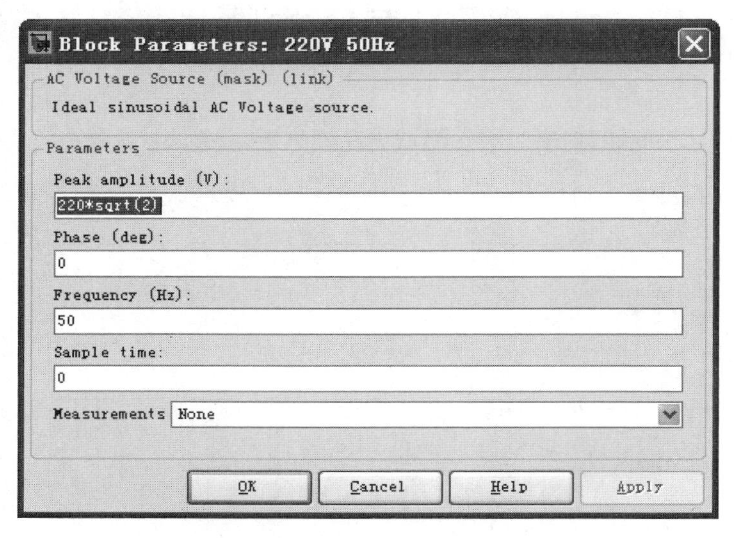

图 1-3　交流电压源参数设置

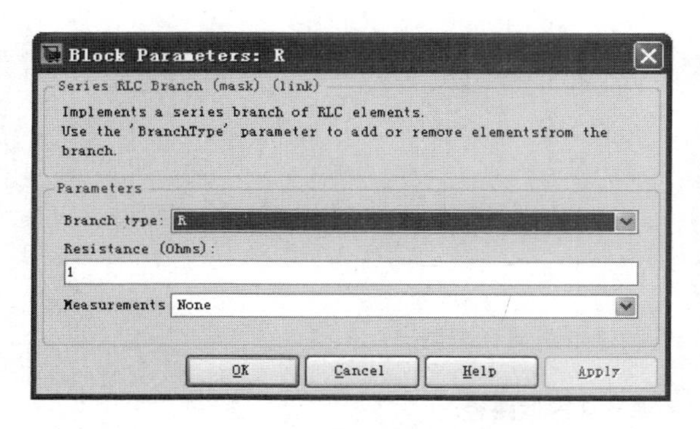

图 1-4　负载参数设置

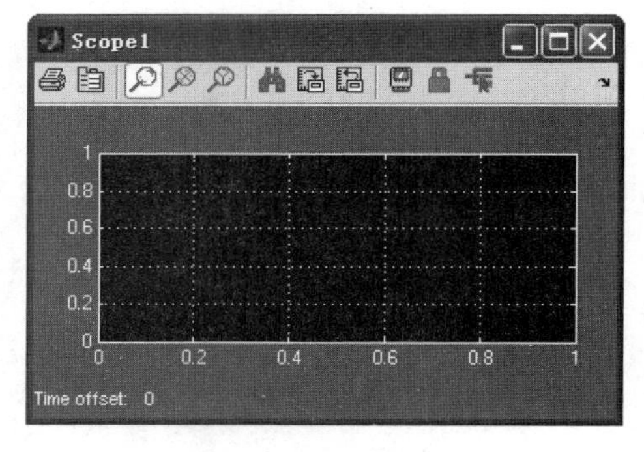

图 1-5　示波器对话框

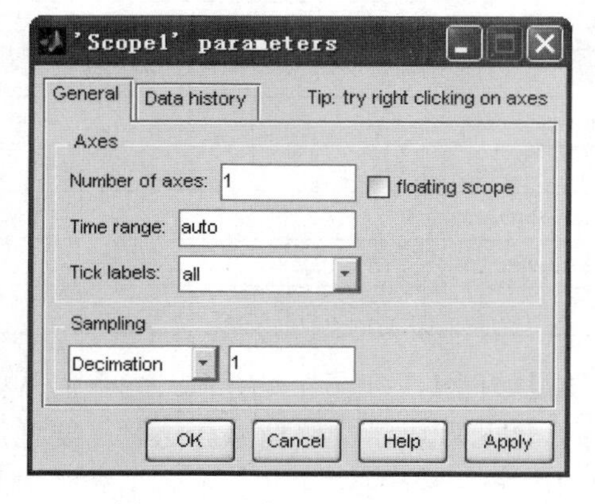

图 1-6　示波器 General 对话框

图 1-7　示波器 Data history 对话框

3. 仿真参数设置：仿真开始前必须设置仿真参数。单击菜单“Simulation”，在下拉菜单中选择“Configuration Parameters”命令，弹出的对话框如图 1-8 所示，我们主要设置的参数为开始时间、终止时间和仿真使用的算法。开始时间设置为 0，终止时间设置为 0.1，算法设置为 ode23tb。

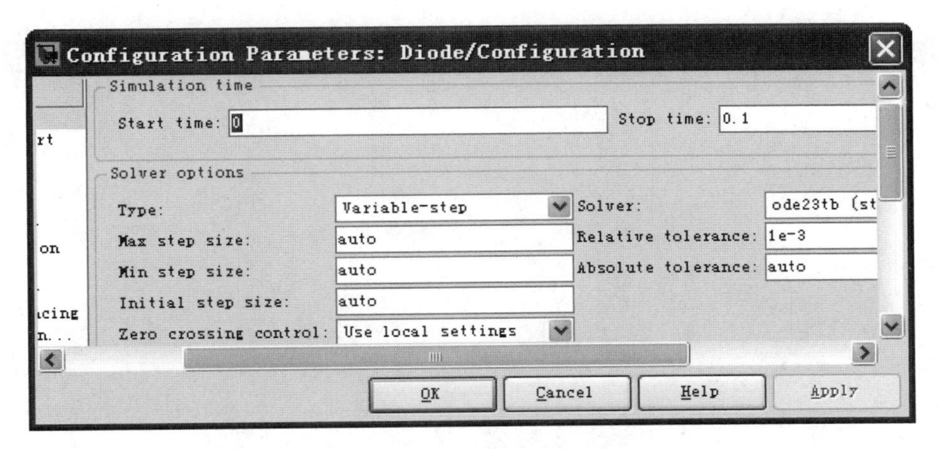

图 1-8　仿真参数设置对话框

4. 完成以上步骤后便可以开始仿真，点击运行按钮▶开始仿真。在屏幕下方的状态栏可以看到仿真的进程。若需要中途停止仿真，可以点击停止按钮■。仿真完毕后，可以双击示波器模块来观察仿真的结果。如果一开始观察不到波形，可以点击示波器工具栏的望远镜按钮，示波器会自动给定一个合适的坐标，观察到我们需要的波形。本实验的仿真波形如图 1-9 所示。

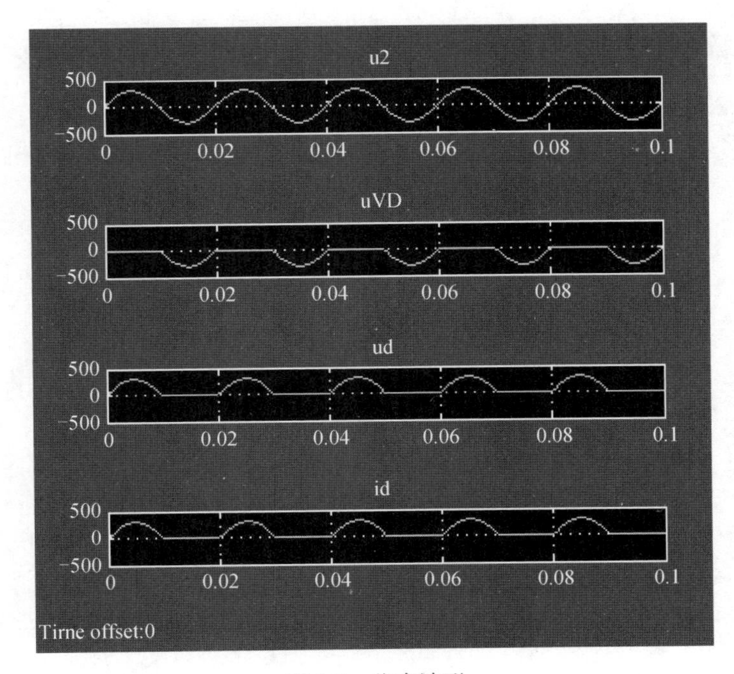

图 1-9　仿真波形

1.6 总结分析

1. 根据仿真结果分析功率二极管的导电特性。

2. 改变仿真模型中各模块的参数设置和仿真参数，观察波形的变化，分析波形变化的原因。

1.7　实训报告

实训项目名称：　　　　　　　　　　　　　　　　成绩：

实训日期：　　　　　　　　　　　　　　　　　　实训地点：

一、实训目的

二、实训要求

三、实训内容和步骤

四、实训结果与总结分析

指导教师评语：

指导教师签名：

年　　月　　日

项目二　晶闸管特性测试

2.1　项目要求

项目二.mp4

1. 掌握晶闸管仿真模型模块各参数的含义。
2. 理解晶闸管的正向阻断特性。
3. 理解晶闸管门极触发导通特性。

2.2　仿真工具

MATLAB/ Simulink/ SimPowerSystems

2.3　电路原理

晶闸管测试电路如图 2-1 所示。U 为直流电源电压，u_d 为负载电压，i_d 为负载电流，u_{VT} 为晶闸管阳极与阴极间电压，u_g 为晶闸管触发脉冲电压。

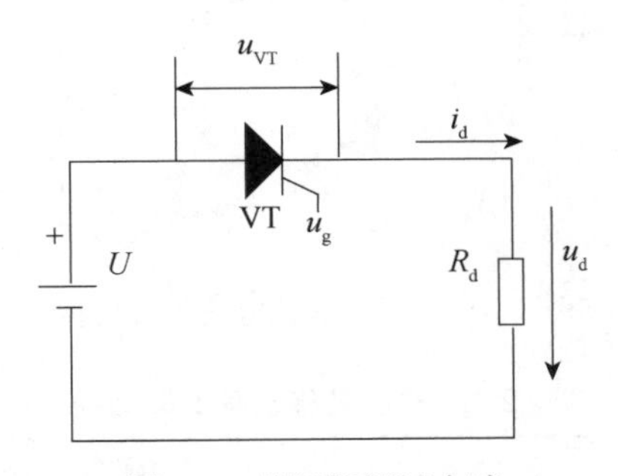

图 2-1　晶闸管测试电路

2.4 项目内容

1. 以图 2-1 为原理图，在 Simulink 中建立晶闸管测试电路仿真模型并进行仿真。
2. 利用 Simulink 中的示波器模块，显示U、u_g、u_{VT}、u_d和i_d的波形并记录。
3. 根据仿真结果分析晶闸管的导电特性。

2.5 具体步骤

1. 建立如图 2-2 所示的晶闸管测试电路模型图，模型中需要的模块及其提取路径如表 2-1 所示。

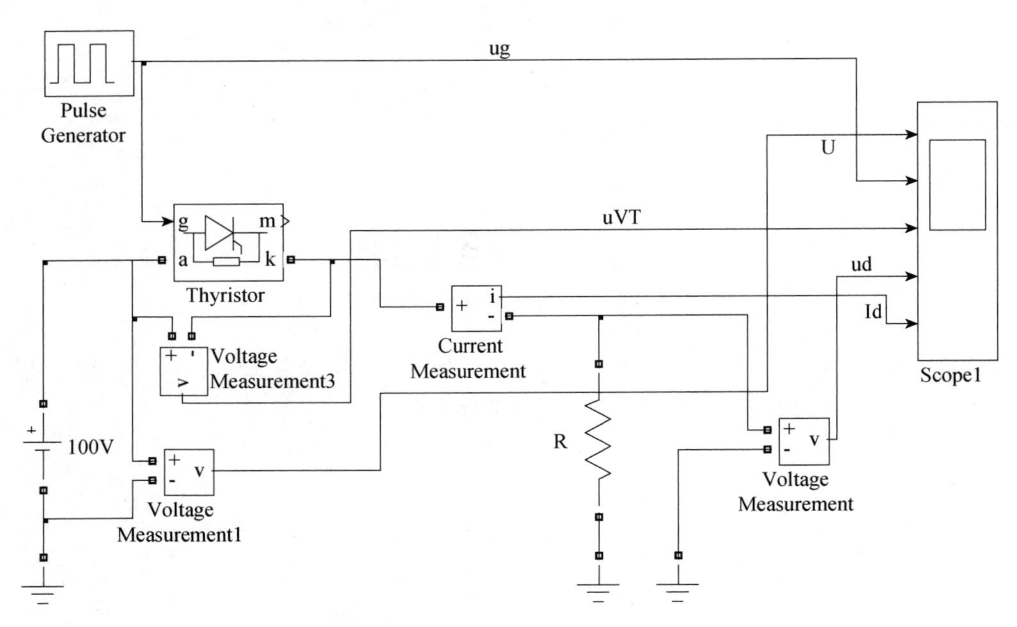

图 2-2　晶闸管测试电路仿真模型

表 2-1　模块名称及其提取路径

模块名称	提取路径
直流电压源	SimPowerSystems/Electrical Sources/DC Voltage Source
脉冲发生器	Simulink/Sources/Pulse Generator
晶闸管	SimPowerSystems/Power Electronics/Thyristor
负载	SimPowerSystems/Elements/Series RLC Branch
接地端子	SimPowerSystems/Elements/Ground

续表

模块名称	提取路径
电压表	SimPowerSystems/Measurements/Voltage Measurement
电流表	SimPowerSystems/Measurements/Current Measurement
示波器	Simulink/Sinks/Scope

2. 模块参数设置：直流电压源的参数设置如图 2-3 所示。负载电阻设置为 1Ω。脉冲发生器的设置如图 2-4 所示。晶闸管的参数可保持默认设置。示波器设置为 5 个输入端。

3. 仿真参数设置：将开始时间设置为 0，终止时间设置为 10，算法设置为 ode23tb，如图 2-5 所示。

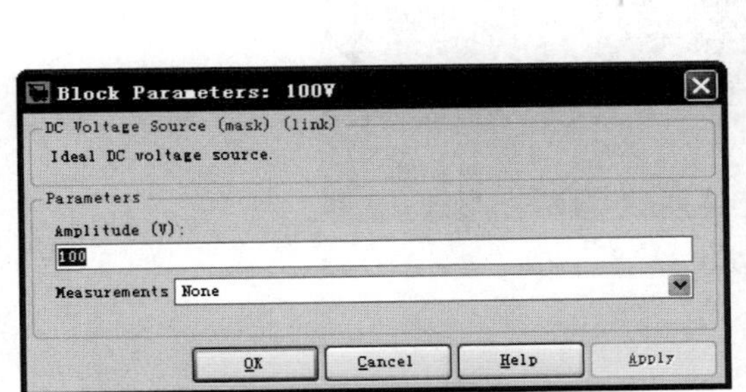

图 2-3　直流电压源参数设置

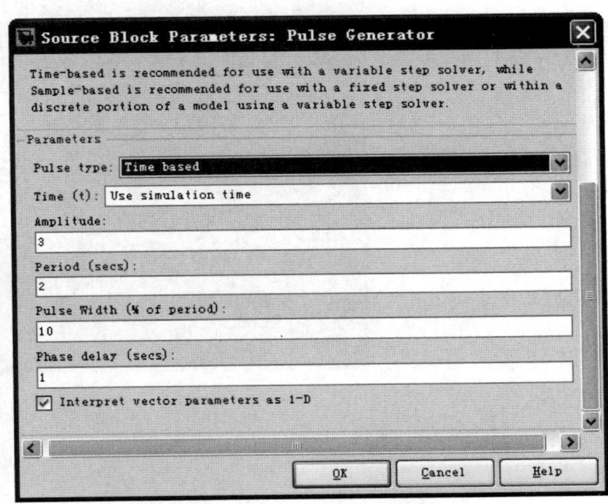

图 2-4　脉冲发生器参数设置

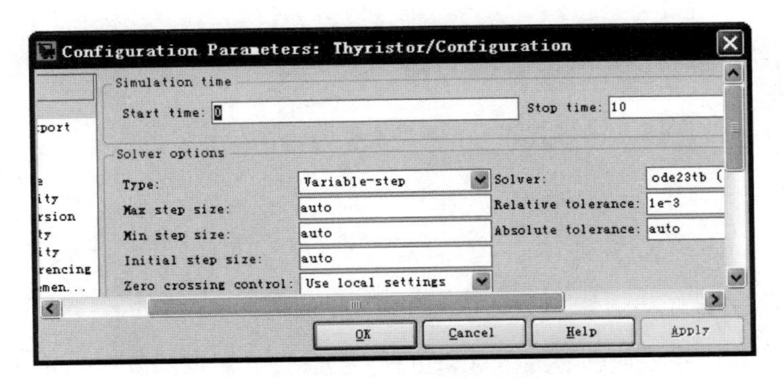

图 2-5　仿真参数设置

4. 完成以上步骤后便可以开始仿真，仿真结束后双击示波器观察波形，本实验的仿真波形如图 2-6 所示。

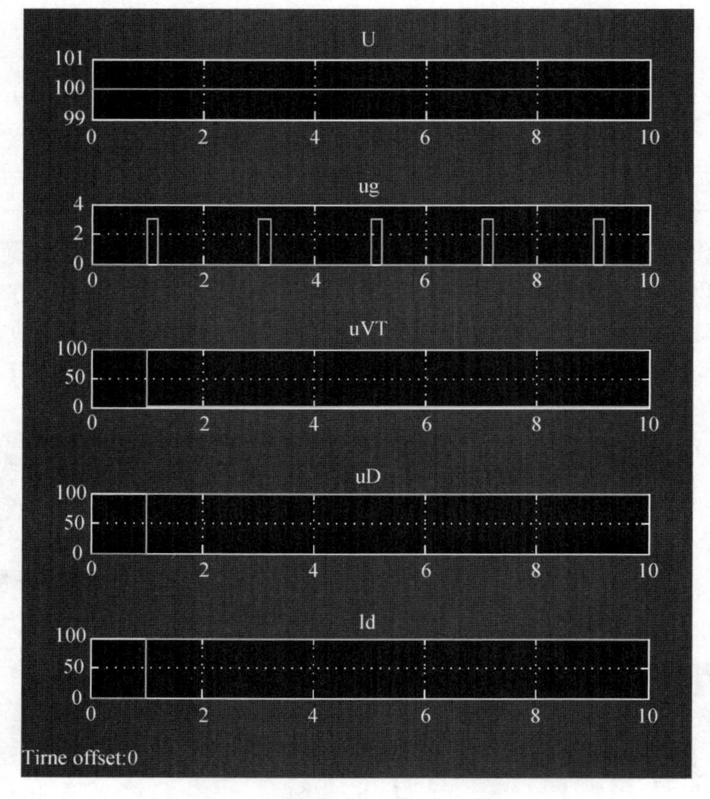

图 2-6 仿真波形

2.6 总结分析

1. 根据仿真结果分析晶闸管的导电特性。

2. 改变仿真模型中各模块的参数设置和仿真参数，观察波形的变化，分析波形变化的原因。

2.7　实训报告

实训项目名称：　　　　　　　　　　　　　　　　　　成绩：

实训日期：　　　　　　　　　　　　　　　　　　　　实训地点：

一、实训目的

二、实训要求

三、实训内容和步骤

四、实训结果与总结分析

指导教师评语：

指导教师签名：

年　　月　　日

项目三　单相半波可控整流电路

3.1　项目要求

项目三.mp4

1. 掌握单相半波可控整流电路在带电阻负载、带电阻电感负载及带电阻电感负载接续流二极管时的工作情况。

2. 理解触发角大小与负载电压波形间的关系。

3. 了解续流二极管的作用。

3.2　仿真工具

MATLAB/ Simulink/ SimPowerSystems

3.3　电路原理

单相半波可控整流带电阻负载、带电阻电感负载和带电阻电感负载接续流二极管的电路如图 3-1 所示。u_2 为变压器二次侧电压，u_d 为负载电压，i_d 为负载电流，i_{VT} 为流过晶闸管的电流，i_{VD} 为流过续流二极管的电流，u_{VT} 为晶闸管阳极与阴极间电压，u_g 为晶闸管触发脉冲电压。

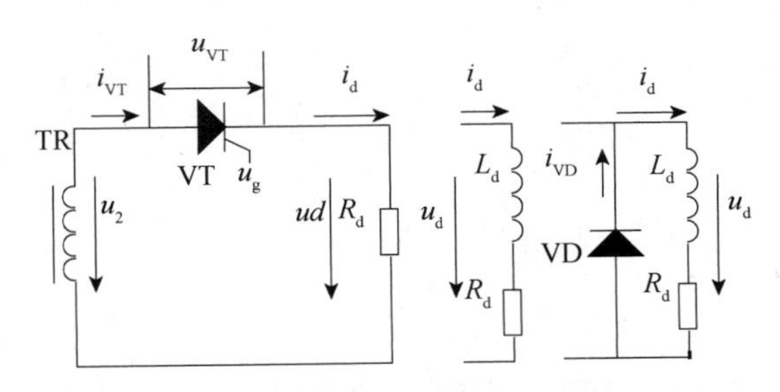

图 3-1　单相半波可控整流电路

3.4 项目内容

1. 以图 3-1 为原理图，在 Simulink 中分别建立单相半波可控整流带电阻负载、带电阻电感负载和带电阻电感负载接续流二极管的电路仿真模型并进行仿真。

2. 利用 Simulink 中的示波器模块，显示 u_2、u_g、u_{VT}、u_d、i_d、i_{VT} 和 i_{VD} 的波形并记录。

3. 根据仿真结果分析触发角大小与负载电压波形间的关系。

4. 观察单相半波可控整流电路带电阻电感负载时，不接续流二极管和接续流二极管输出负载电压的区别，说明续流二极管的作用。

5. 测量、记录负载电压 u_d 的平均值 U_d，与理论值进行比较。

3.5 具体步骤

1. 建立如图 3-2～图 3-4 所示的单相半波可控整流带电阻负载、带电阻电感负载和带电阻电感负载接续流二极管的电路模型图，模型中需要的模块及其提取路径如表 3-1 所示。

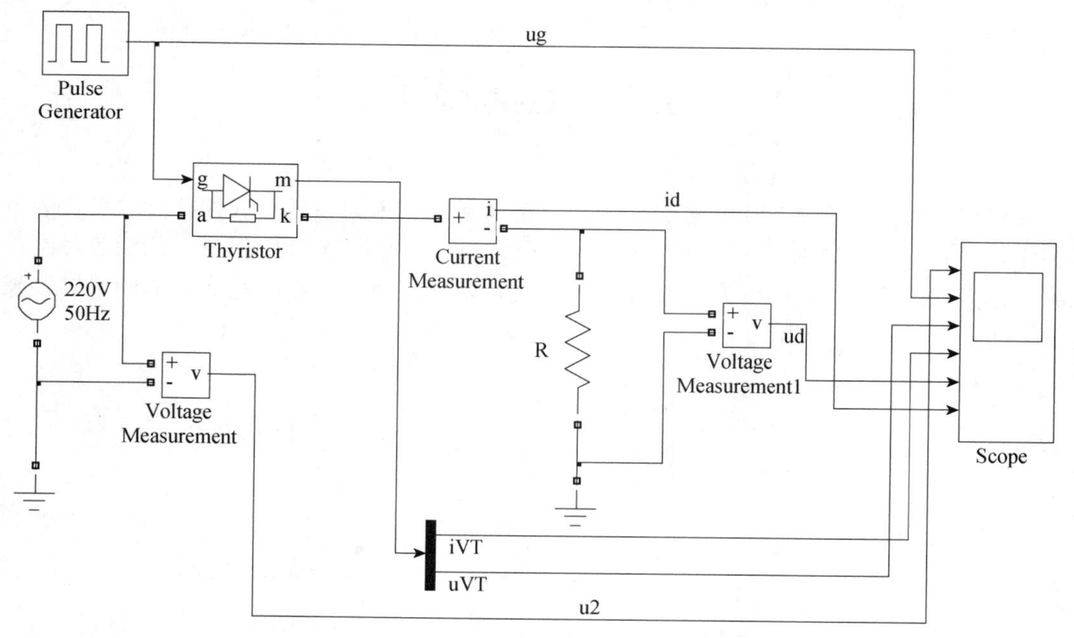

图 3-2　单相半波可控整流带电阻负载电路仿真模型

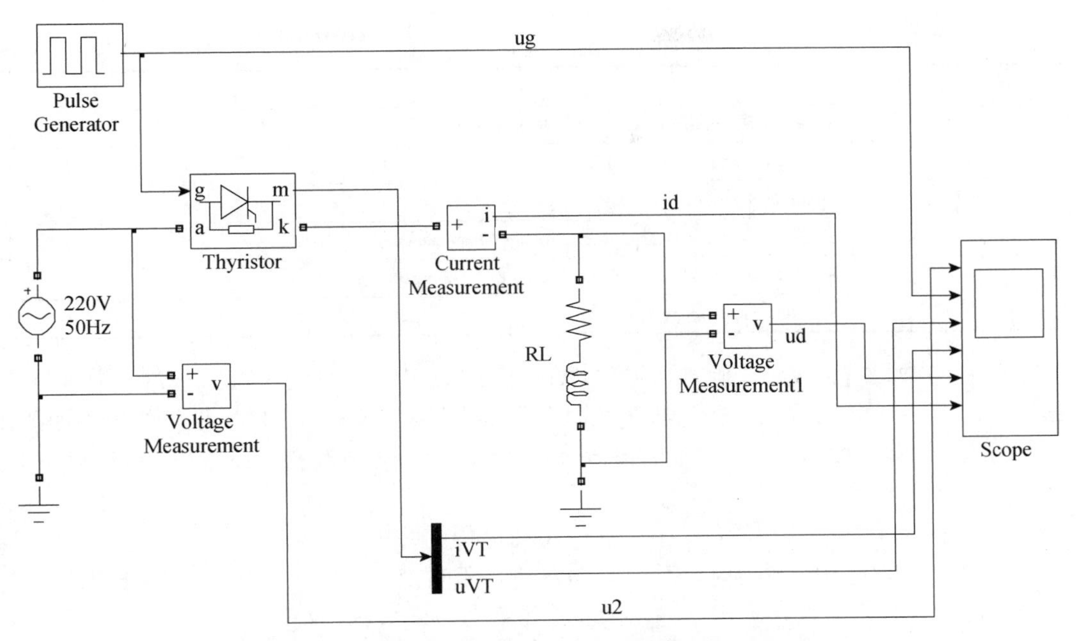

图 3-3　单相半波可控整流带电阻电感负载电路仿真模型

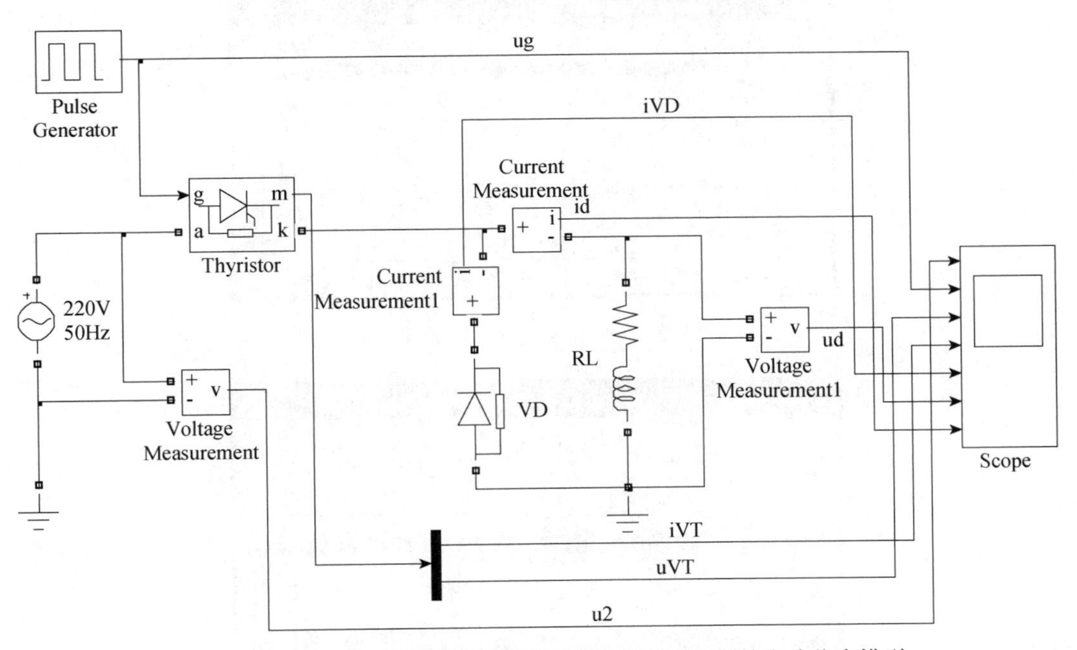

图 3-4　单相半波可控整流带电阻电感负载接续流二极管电路仿真模型

表 3-1　模块名称及其提取路径

模块名称	提取路径
交流电压源	SimPowerSystems/Electrical Sources/AC Voltage Source
脉冲发生器	Simulink/Sources/Pulse Generator
晶闸管	SimPowerSystems/Power Electronics/Thyristor
功率二极管	SimPowerSystems/Power Electronics/Diode

续表

模块名称	提取路径
负载	SimPowerSystems/Elements/Series RLC Branch
接地端子	SimPowerSystems/Elements/Ground
信号分解器	Simulink/Signal Routing/Demux
电压表	SimPowerSystems/Measurements/Voltage Measurement
电流表	SimPowerSystems/Measurements/Current Measurement
示波器	Simulink/Sinks/Scope

2. 模块参数设置：设置交流电压源中峰值为 $220\sqrt{2}$ V，频率为 50Hz。图 3-2 中电阻负载设置为 1Ω，图 3-3 和图 3-4 中电阻电感负载的设置如图 3-5 所示。脉冲发生器的设置如图 3-6 所示（触发角为 30 度时），触发角的设置可在 Phase delay 中改变，设置值 t 可按以下公式计算：

$$t = T \times (\alpha / 360) \tag{3.1}$$

其中，T 为交流电压源的周期，α 为触发角。晶闸管、功率二极管和信号分解器的参数可保持默认设置。示波器根据需要输出的波形个数设置输入端口数。

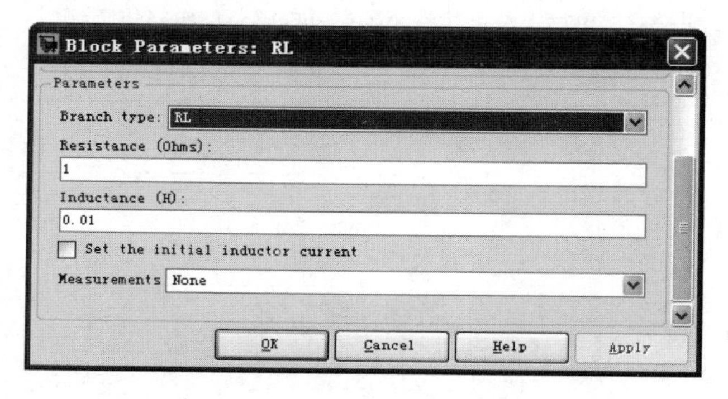

图 3-5　电阻电感负载参数设置

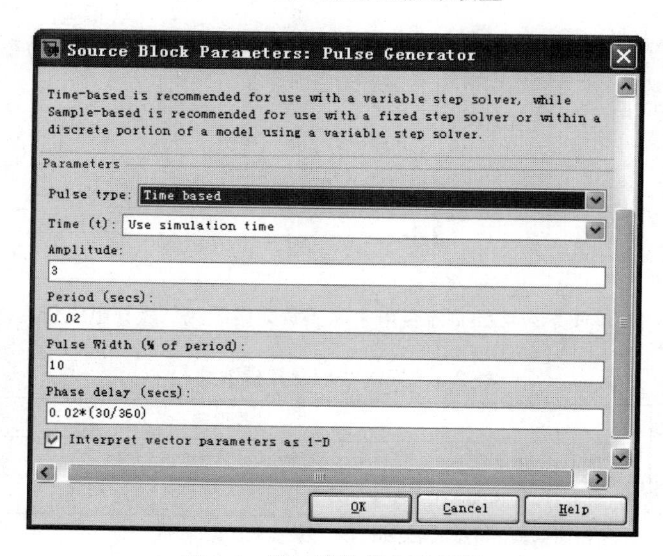

图 3-6　脉冲发生器参数设置

3. 仿真参数设置：将开始时间设置为 0，终止时间设置为 0.1，算法设置为 ode23tb。

4. 完成以上步骤后便可以开始仿真，仿真结束后双击示波器观察波形。单相半波可控整流带电阻负载电路（如图 3-2 所示）在触发角为 30 度、60 度、90 度和 120 度时的仿真波形如图 3-7 所示。单相半波可控整流带电阻电感负载电路（如图 3-3 所示）在触发角为 30 度、

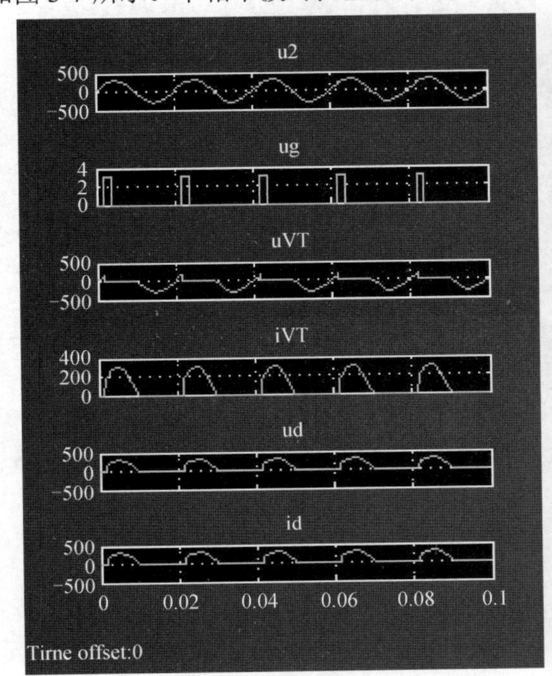

(a) 触发角为30度时的波形

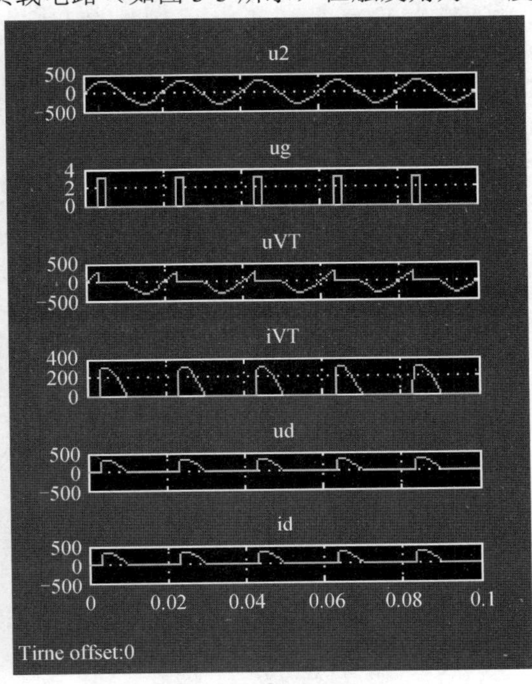

(b) 触发角为60度时的波形

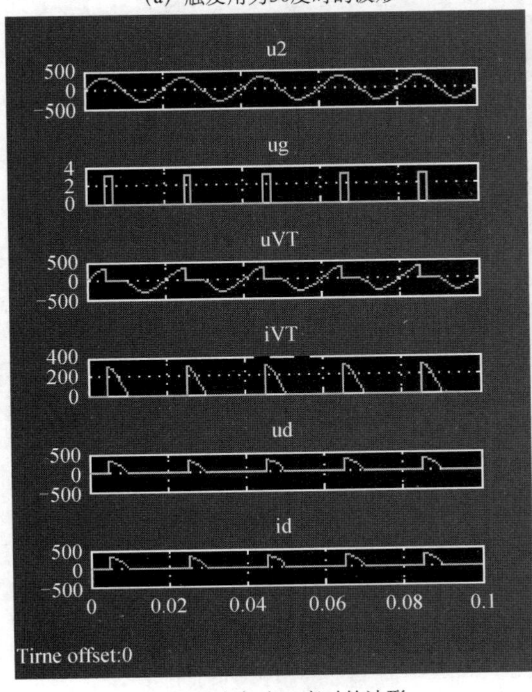

(c) 触发角为90度时的波形

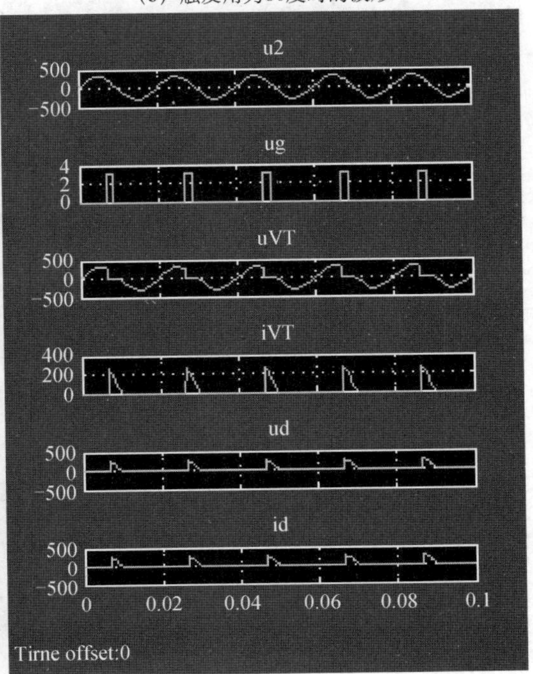

(d) 触发角为120度时的波形

图 3-7　单相半波可控整流带电阻负载电路仿真波形

60 度、90 度和 120 度时的仿真波形如图 3-8 所示。单相半波可控整流带电阻电感负载接续流二极管电路（如图 3-4 所示）在触发角为 30 度、60 度、90 度和 120 度时的仿真波形如图 3-9 所示。

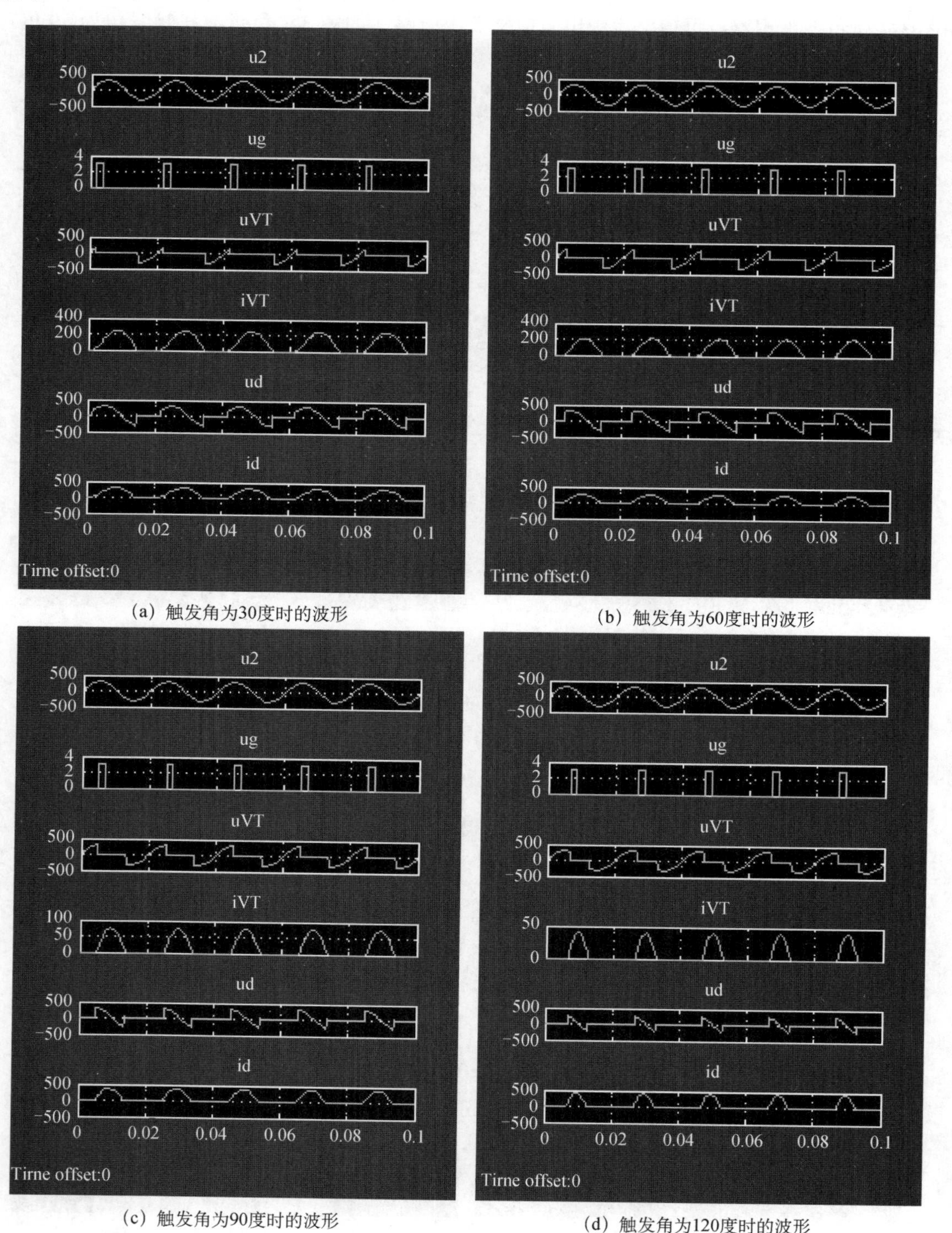

（a）触发角为30度时的波形

（b）触发角为60度时的波形

（c）触发角为90度时的波形

（d）触发角为120度时的波形

图 3-8　单相半波可控整流带电阻电感负载电路仿真波形

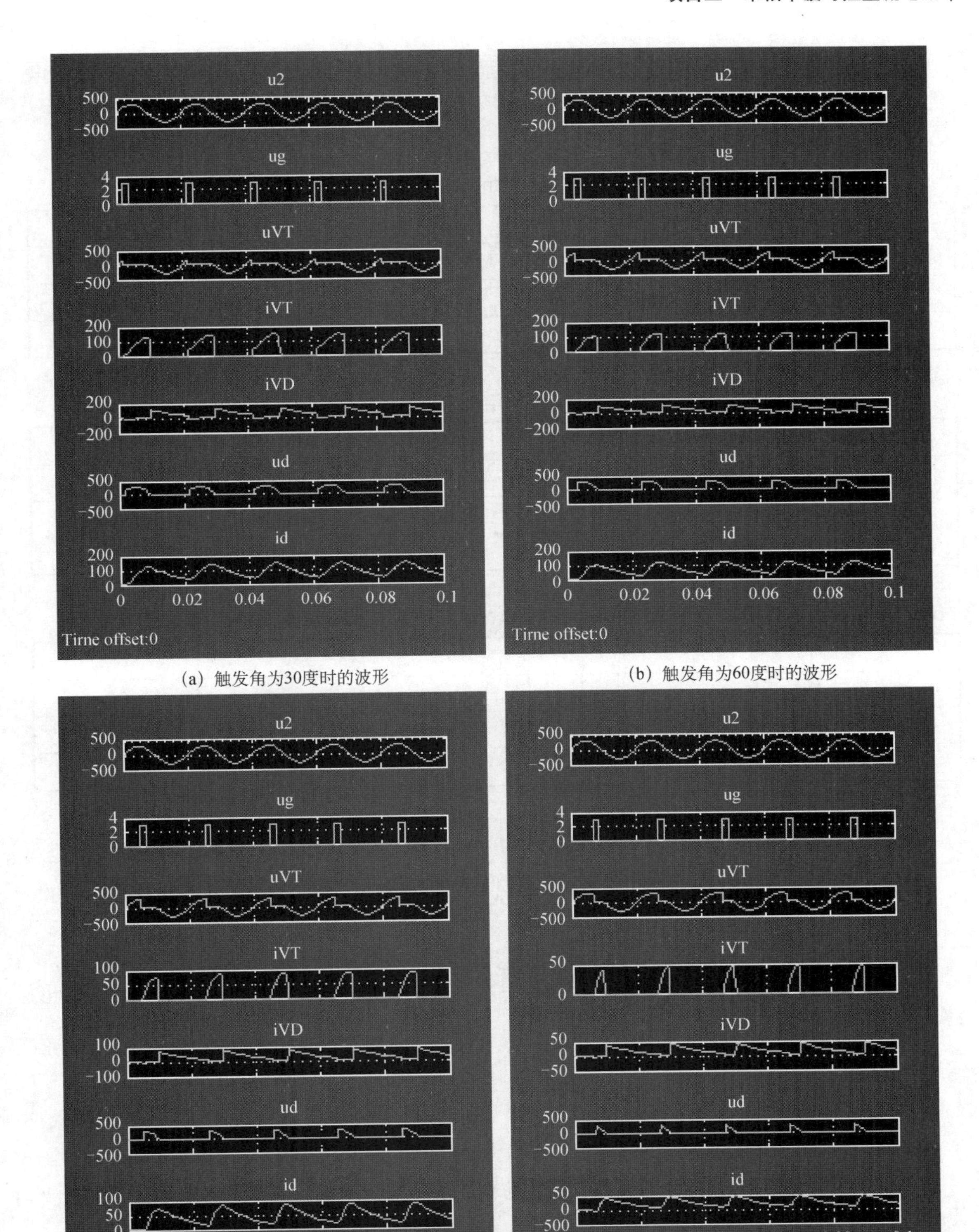

（a）触发角为30度时的波形

（b）触发角为60度时的波形

（c）触发角为90度时的波形

（d）触发角为120度时的波形

图 3-9　单相半波可控整流带电阻电感负载接续流二极管电路仿真波形

5. 根据附录 A 波形平均值测量方法，分别测量单相半波可控整流带电阻负载、带电阻电感负载和带电阻电感负载接续流二极管电路的负载电压平均值 U_d ，记录于表 3-2～表 3-4 中，并与 U_d 的理论计算值进行比较。

表 3-2　单相半波可控整流带电阻负载电路负载电压记录表

触发角 α	30 度	60 度	90 度	120 度
电源电压有效值 U_2 / V				
负载电压 U_d（测量值）/ V				
负载电压 U_d（计算值）/ V				

表 3-3　单相半波可控整流带电阻电感负载电路负载电压记录表

触发角 α	30 度	60 度	90 度	120 度
电源电压有效值 U_2 / V				
负载电压 U_d（测量值）/ V				
负载电压 U_d（计算值）/ V				

表 3-4　单相半波可控整流带电阻电感负载接续流二极管电路负载电压记录表

触发角 α	30 度	60 度	90 度	120 度
电源电压有效值 U_2 / V				
负载电压 U_d（测量值）/ V				
负载电压 U_d（计算值）/ V				

3.6　总结分析

1. 根据仿真结果分析单相半波可控整流电路在带电阻负载、带电阻电感负载及带电阻电感负载接续流二极管时的工作情况。

2. 改变仿真模型中各模块的参数设置和仿真参数，如增大或减少负载的电感量，观察波形的变化，分析波形变化的原因。

3.7　实训报告

实训项目名称：　　　　　　　　　　　　　　　　成绩：

实训日期：　　　　　　　　　　　　　　　　　　实训地点：

一、实训目的

二、实训要求

三、实训内容和步骤

四、实训结果与总结分析

指导教师评语：

指导教师签名：

年　　月　　日

项目四　单相桥式半控整流电路

4.1　项目要求

1. 掌握单相桥式半控整流电路在电阻负载、电阻电感负载及电阻电感负载接续流二极管时的工作情况。

项目四.mp4

2. 理解触发角大小与负载电压波形间的关系。

3. 了解续流二极管的作用。

4.2　仿真工具

MATLAB/ Simulink/ SimPowerSystems。

4.3　电路原理

单相桥式半控整流带电阻负载、带电阻电感负载和带电阻电感负载接续流二极管的电路如图 4-1 所示。u_2 为变压器二次侧电压，u_d 为负载电压，i_d 为负载电流，i_{VT1} 和 i_{VT2} 分别为流过晶闸管 VT1 和 VT2 的电流，i_{VD1}、i_{VD2} 和 i_{VD3} 分别为流过二极管 VD1、VD2 和 VD3 的电流，u_{VT1} 和 u_{VT2} 分别为晶闸管 VT1 和 VT2 的阳极与阴极间电压，u_{g1}、u_{g2} 分别为晶闸管 VT1 和

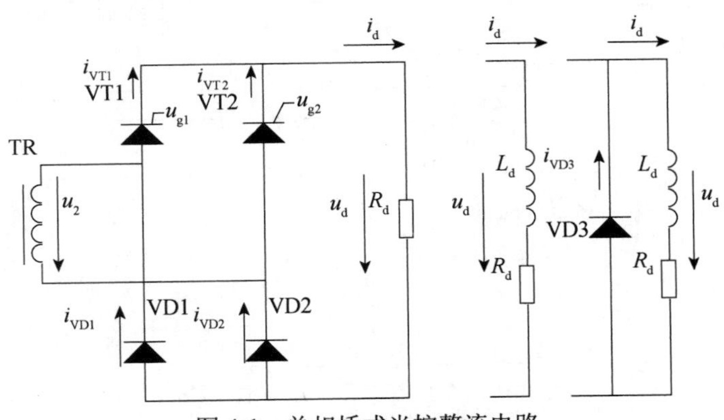

图 4-1　单相桥式半控整流电路

VT2 的触发脉冲电压。

4.4 项目内容

1. 以图 4-1 为原理图，在 Simulink 中分别建立单相桥式半控整流带电阻负载、带电阻电感负载和带电阻电感负载接续流二极管的电路仿真模型并进行仿真。

2. 利用 Simulink 中的示波器模块，显示u_2、u_{g1}、u_{g2}、u_{VT1}、u_{VT2}、i_{VT1}、i_{VT2}、i_{VD1}、i_{VD2}、i_{VD3}、u_d和i_d的波形并记录。

3. 根据仿真结果分析触发角大小与负载电压波形间的关系。

4. 观察单相桥式半控整流电路带电阻电感负载时，不接续流二极管和接续流二极管输出负载电压的区别，说明续流二极管的作用。

5. 测量、记录负载电压u_d的平均值U_d，与理论值进行比较。

4.5 具体步骤

1. 建立如图 4-2～图 4-4 所示的单相桥式半控整流带电阻负载、带电阻电感负载和带电阻电感负载接续流二极管的电路模型图，模型中需要的模块及其提取路径如表 4-1 所示。

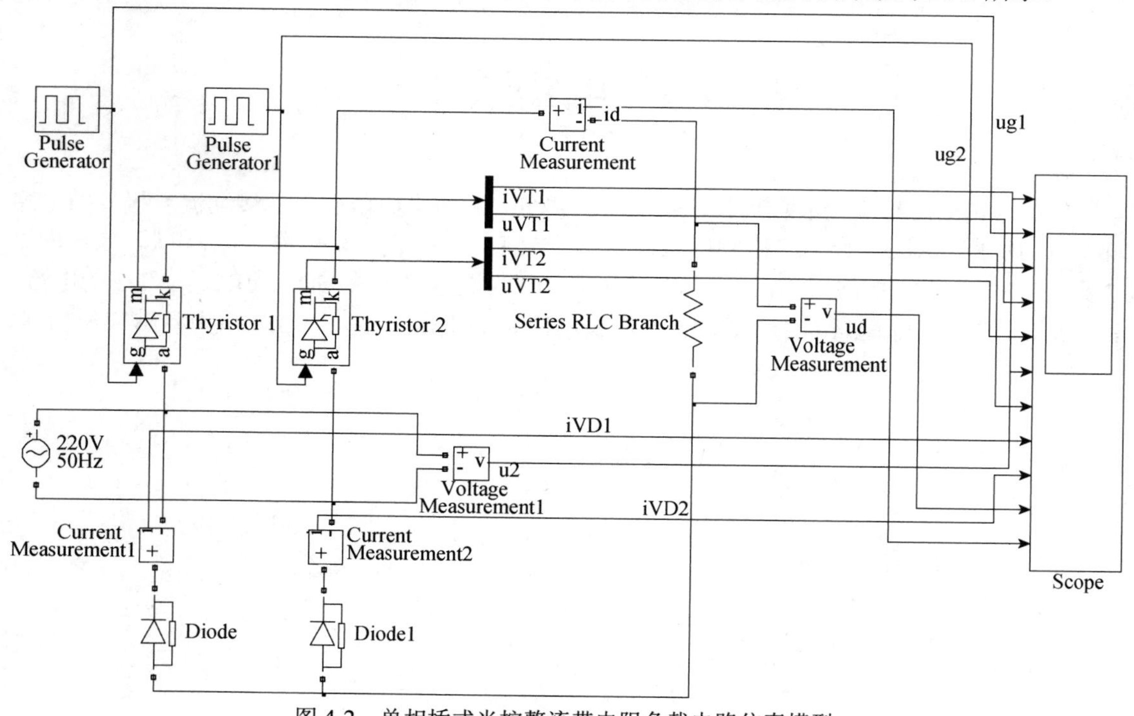

图 4-2　单相桥式半控整流带电阻负载电路仿真模型

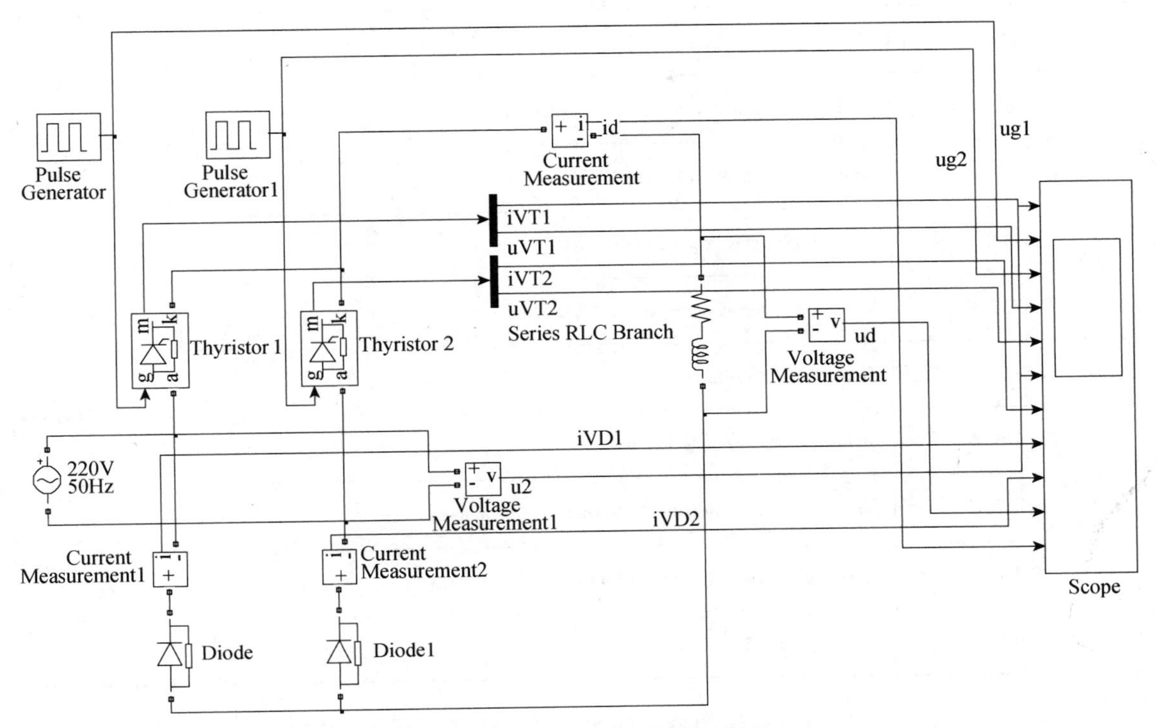

图 4-3　单相桥式半控整流带电阻电感负载电路仿真模型

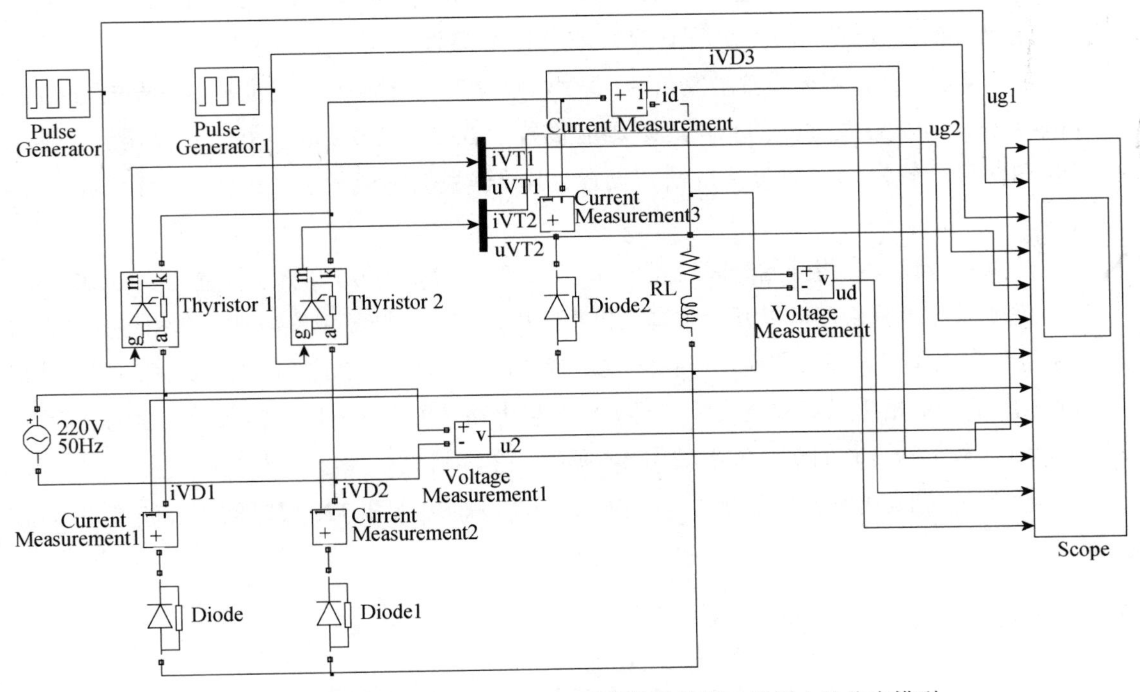

图 4-4　单相桥式半控整流带电阻电感负载接续流二极管电路仿真模型

表 4-1　模块名称及其提取路径

模块名称	提取路径
交流电压源	SimPowerSystems/Electrical Sources/AC Voltage Source
脉冲发生器	Simulink/Sources/Pulse Generator
晶闸管	SimPowerSystems/Power Electronics/Thyristor
功率二极管	SimPowerSystems/Power Electronics/Diode
负载	SimPowerSystems/Elements/Series RLC Branch
信号分解器	Simulink/Signal Routing/Demux
电压表	SimPowerSystems/Measurements/Voltage Measurement
电流表	SimPowerSystems/Measurements/Current Measurement
示波器	Simulink/Sinks/Scope

2. 模块参数设置：交流电压源中峰值设置为 $220\sqrt{2}$ V，频率设置为 50Hz。图 4-2 中电阻负载设置为 1Ω，图 4-3 和图 4-4 中电阻和电感负载分别设置为 1Ω和 0.01H。脉冲发生器中电压峰值设置为 3V，周期设置为 0.02s，脉冲宽度设置为 10%，相位延迟则用于设置触发角，设置值可根据公式（3.1）进行计算。注意在本实验中，VT1 和 VT2 的触发角之间必须相差 180 度。例如，若需设置触发角为 30 度，则 VT1 触发脉冲的相位延迟应设置为 0.02×（30/360），而 VT2 触发脉冲的相位延迟则应设置为 0.02×（30/360）+0.01。晶闸管、功率二极管和信号分解器的参数可保持默认设置。示波器根据需要输出的波形个数设置输入端口数。

3. 仿真参数设置：将开始时间设置为 0，终止时间设置为 0.1，算法设置为 ode23tb。

4. 完成以上步骤后便可以开始仿真，仿真结束后双击示波器观察波形。单相桥式半控整流带电阻负载电路（如图 4-2 所示）在触发角为 30 度、60 度、90 度和 120 度时的仿真波形如图 4-5 所示。单相桥式半控整流带电阻电感负载电路（如图 4-3 所示）在触发角为 30 度、60 度、90 度和 120 度时的仿真波形如图 4-6 所示。单相桥式半控整流带电阻电感负载接续流二极管电路（如图 4-4 所示）在触发角为 30 度、60 度、90 度和 120 度时的仿真波形如图 4-7 所示。

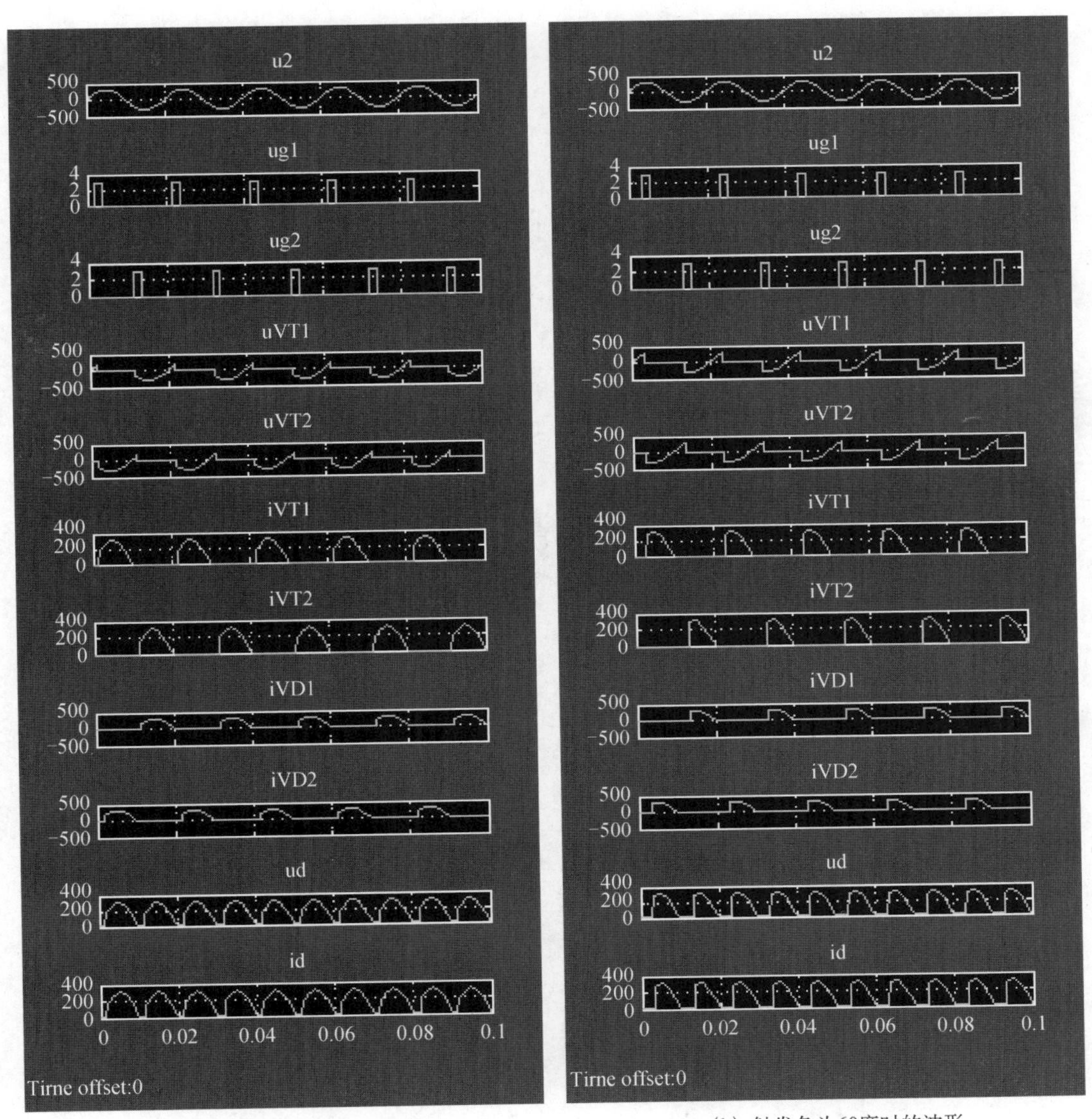

（a）触发角为30度时的波形　　　　（b）触发角为60度时的波形

图 4-5　单相桥式半控整流带电阻负载电路仿真波形

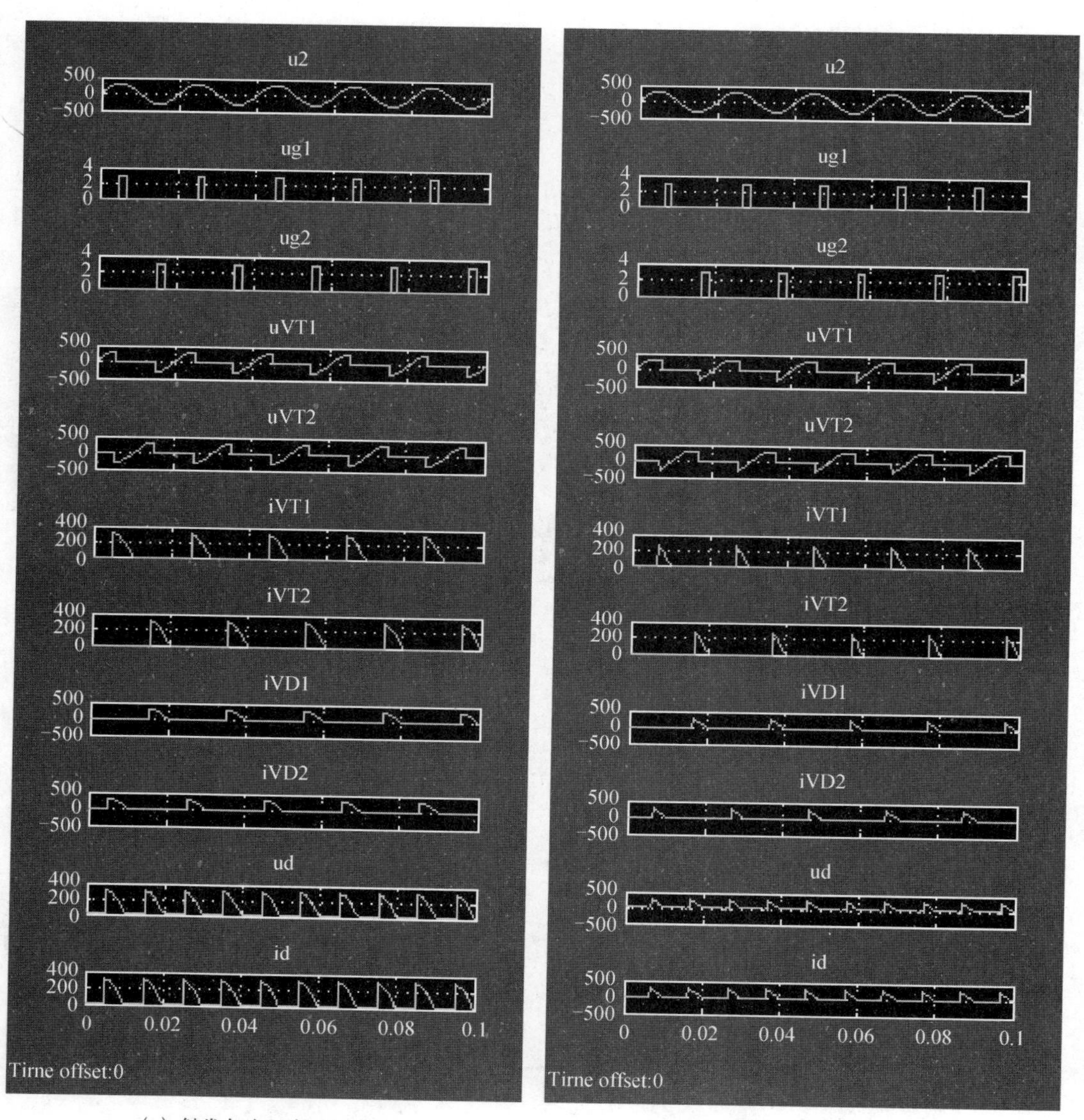

（c）触发角为90度时的波形

（d）触发角为120度时的波形

图 4-5　单相桥式半控整流带电阻负载电路仿真波形（续）

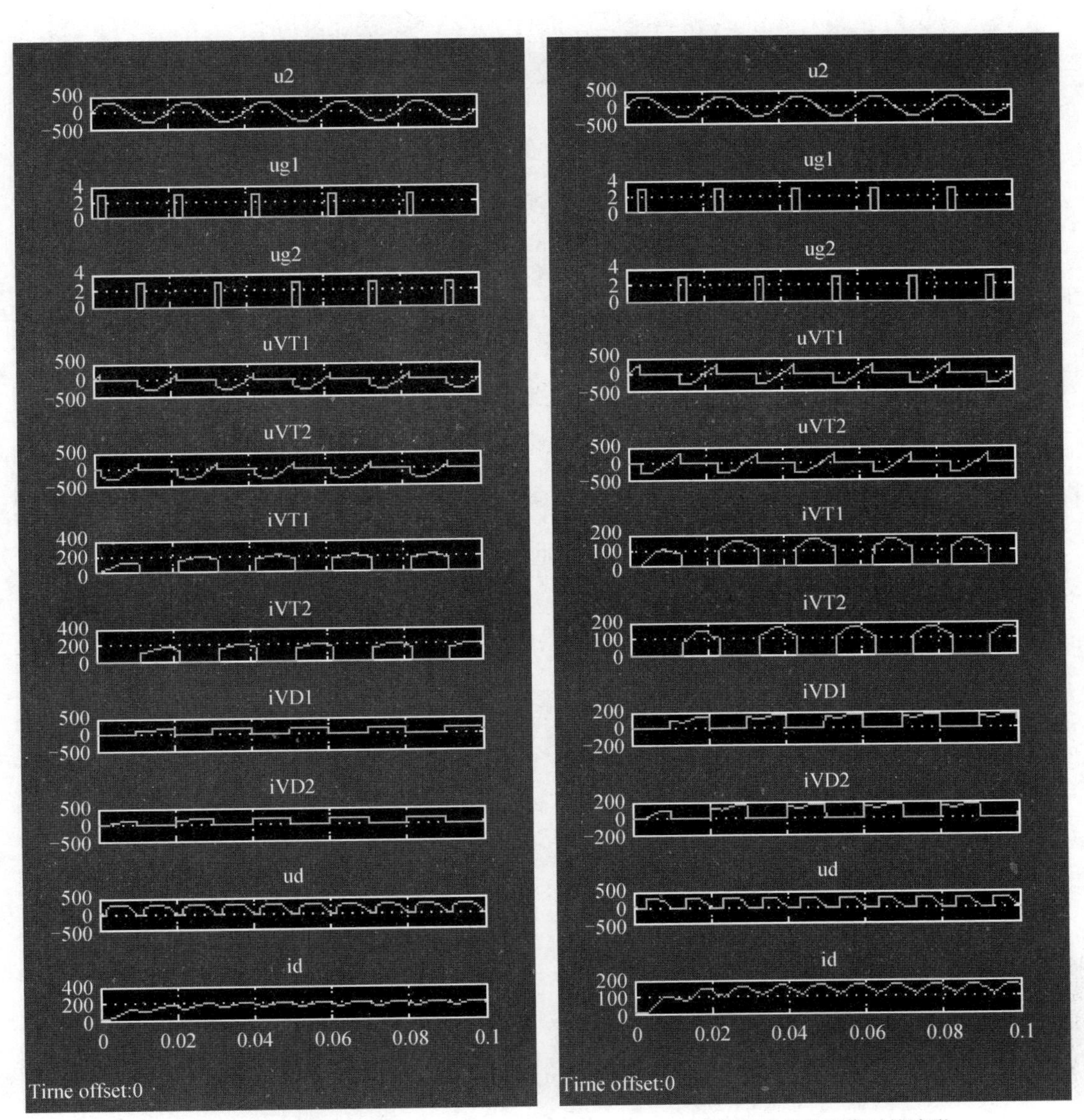

(a) 触发角为30度时的波形　　(b) 触发角为60度时的波形

图 4-6　单相桥式半控整流带电阻电感负载电路仿真波形

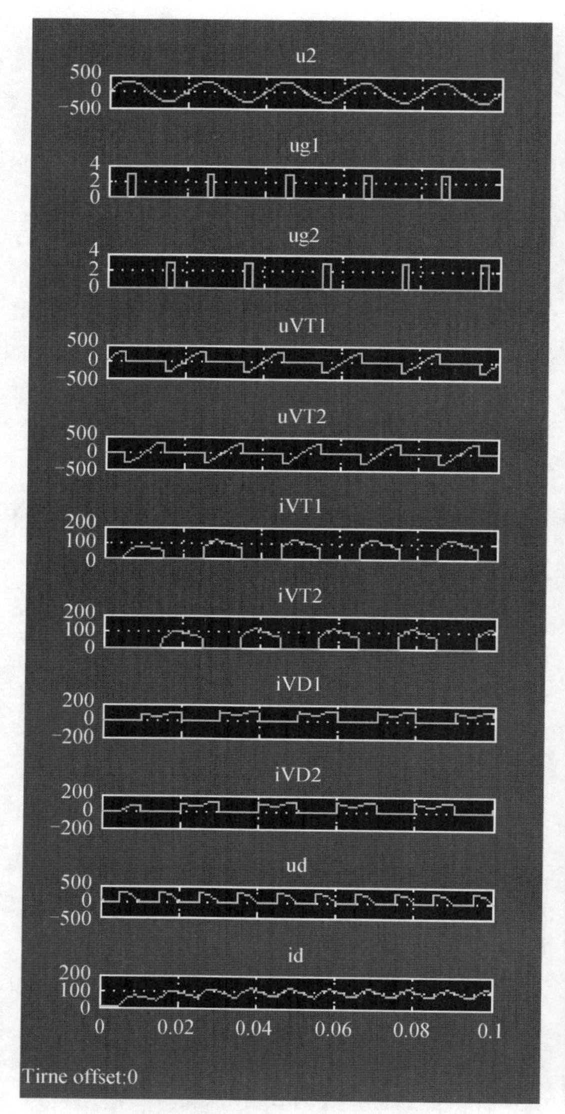

（c）触发角为90度时的波形

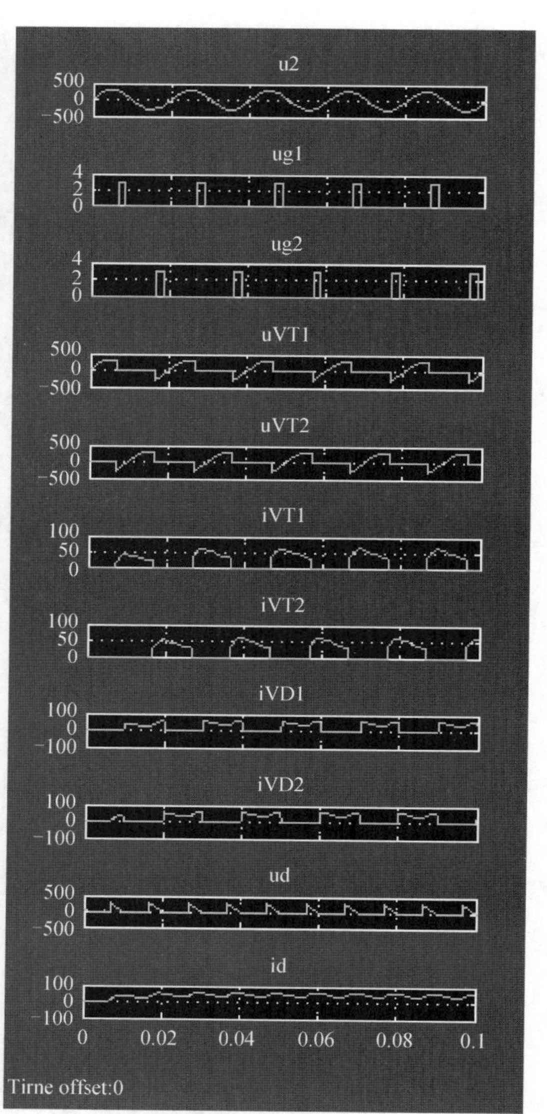

（d）触发角为120度时的波形

图 4-6　单相桥式半控整流带电阻电感负载电路仿真波形（续）

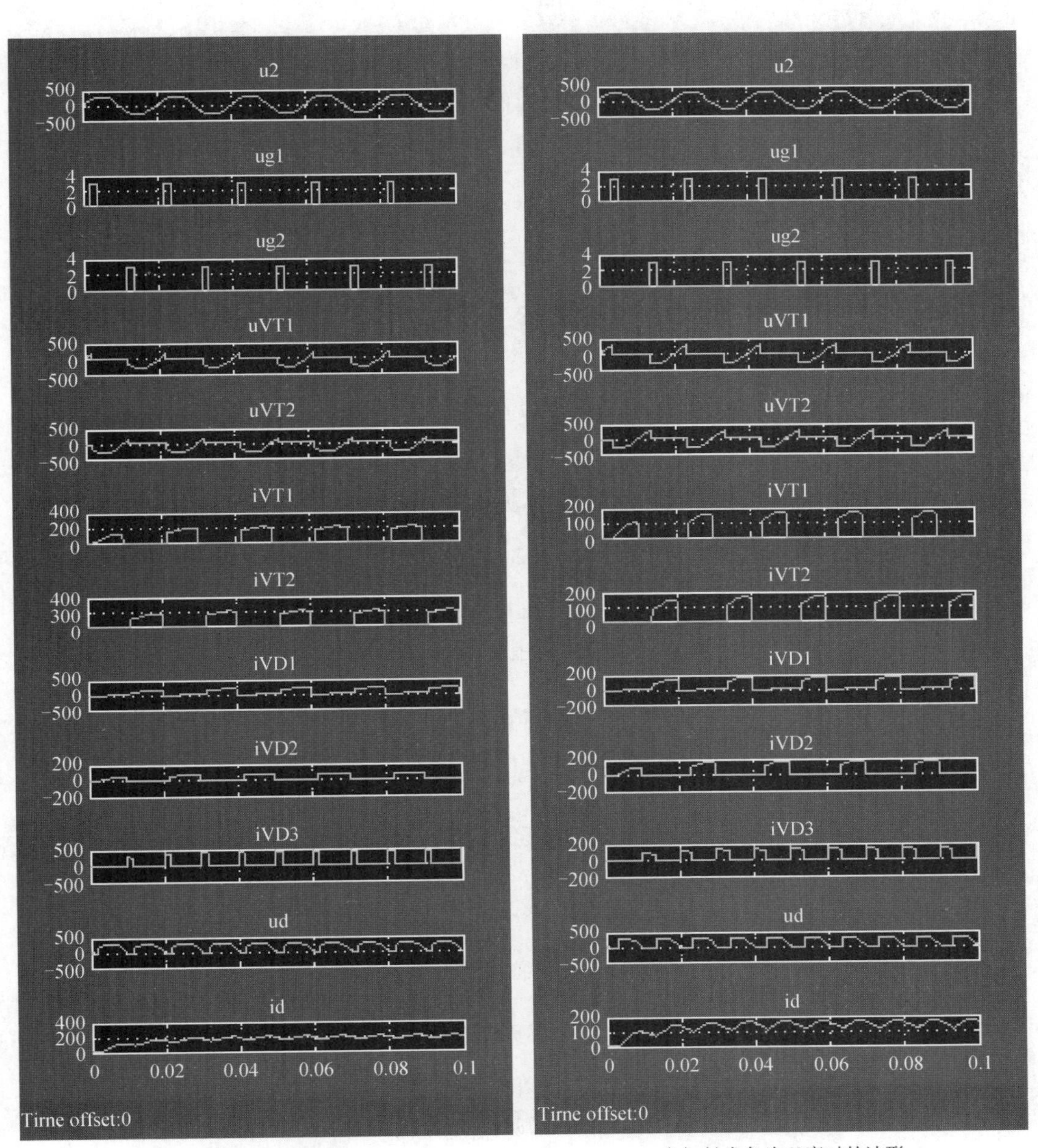

（a）触发角为30度时的波形　　　　（b）触发角为60度时的波形

图 4-7　单相桥式半控整流带电阻电感负载接续流二极管电路仿真波形

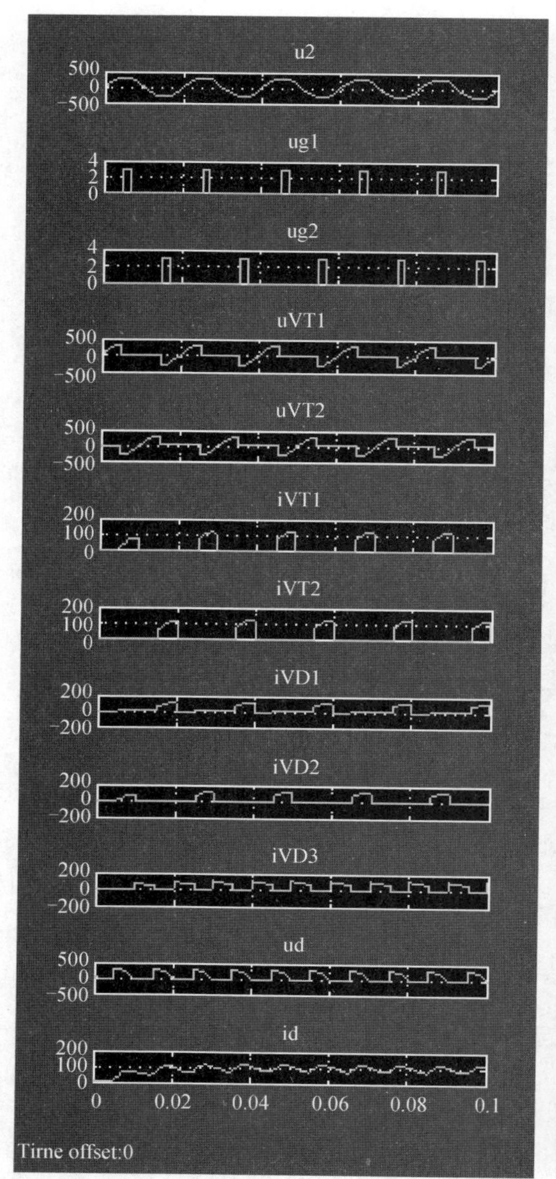

（c）触发角为90度时的波形

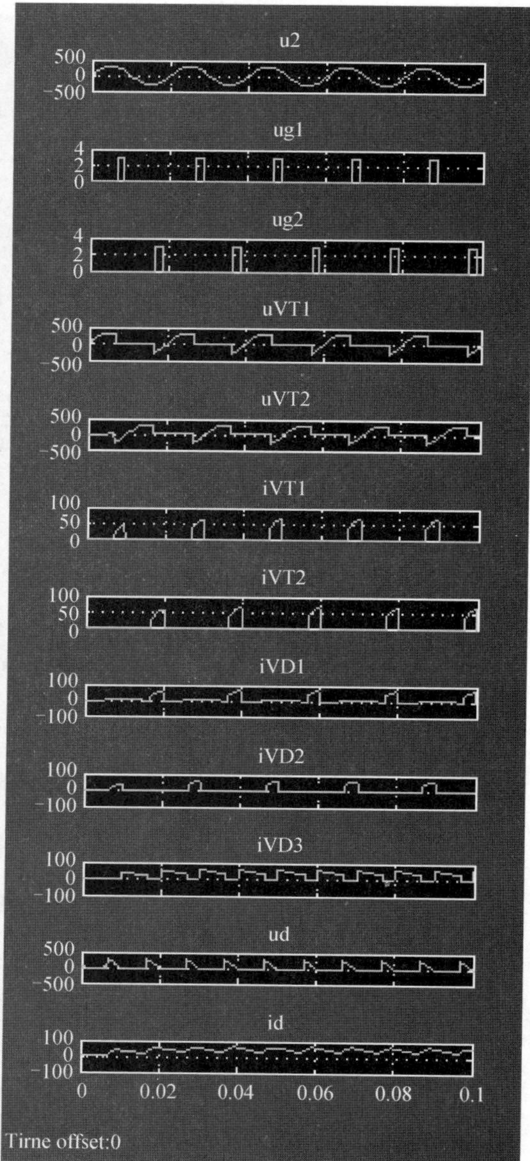

（d）触发角为120度时的波形

图 4-7　单相桥式半控整流带电阻电感负载接续流二极管电路仿真波形（续）

5. 根据附录 A 波形平均值测量方法，分别测量单相桥式半控整流带电阻负载、带电阻电感负载和带电阻电感负载接续流二极管电路的负载电压平均值 U_{d}，记录于表 4-2、表 4-3 和表 4-4 中，并与 U_{d} 的理论计算值进行比较。

表 4-2　单相桥式半控整流带电阻负载电路负载电压记录表

触发角 α	30 度	60 度	90 度	120 度
电源电压有效值 U_2 / V				
负载电压 U_{d}（测量值）/ V				
负载电压 U_{d}（计算值）/ V				

表 4-3　单相桥式半控整流带电阻电感负载电路负载电压记录表

触发角 α	30 度	60 度	90 度	120 度
电源电压有效值 U_2 / V				
负载电压 U_d（测量值）/ V				
负载电压 U_d（计算值）/ V				

表 4-4　单相桥式半控整流带电阻电感负载接续流二极管电路负载电压记录表

触发角 α	30 度	60 度	90 度	120 度
电源电压有效值 U_2 / V				
负载电压 U_d（测量值）/ V				
负载电压 U_d（计算值）/ V				

4.6　总结分析

1. 根据仿真实验结果分析单相桥式半控整流电路在带电阻负载、带电阻电感负载及带电阻电感负载接续流二极管时的工作情况。

2. 改变仿真模型中各模块的参数设置和仿真参数，如增大或减小负载的电感量，观察波形的变化，分析波形变化的原因。

3. 观察单相桥式半控整流电路在带电阻电感负载和带电阻电感负载接续流二极管时，突然将触发角增大到 180 度或者突然切断触发电路时的波形，说明单相桥式半控整流电路在带电阻电感负载时仍需接续流二极管的原因。

4.7　实训报告

实训项目名称：　　　　　　　　　　　　　　　　成绩：

实训日期：　　　　　　　　　　　　　　　　　　实训地点：

一、实训目的

二、实训要求

三、实训内容和步骤

四、实训结果与总结分析

指导教师评语：

指导教师签名：

年　　月　　日

项目五　单相桥式全控整流电路

5.1　项目要求

项目五.mp4

1. 掌握单相桥式全控整流电路在带电阻负载、带电阻电感负载及带电阻电感负载接续流二极管时的工作情况。

2. 理解触发角大小与负载电压波形间的关系。

3. 了解续流二极管的作用。

5.2　仿真工具

MATLAB/ Simulink/ SimPowerSystems

5.3　电路原理

单相桥式全控整流带电阻负载、带电阻电感负载和带电阻电感负载接续流二极管的电路如图 5-1 所示。u_2 为变压器二次侧电压，u_d 为负载电压，i_d 为负载电流，i_{VT1} 和 i_{VT2} 分别为流过晶闸管 VT1 和 VT2 的电流，i_{VD} 为流过二极管的电流，u_{VT1} 和 u_{VT2} 分别为晶闸管 VT1 和 VT2 的阳极与阴极间电压，u_{g1} 和 u_{g2} 分别为晶闸管 VT1 和 VT2 的触发脉冲电压。

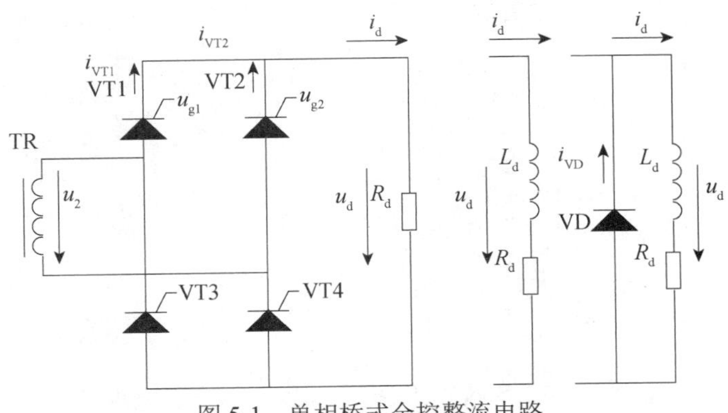

图 5-1　单相桥式全控整流电路

5.4 项目内容

1. 以图 5-1 为原理图，在 Simulink 中分别建立单相桥式全控整流带电阻负载、带电阻电感负载和带电阻电感负载接续流二极管的电路仿真模型并进行仿真。

2. 利用 Simulink 中的示波器模块，显示u_2、u_{g1}、u_{g2}、u_{VT1}、u_{VT2}、i_{VT1}、i_{VT2}、i_{VD}、u_d和i_d的波形并记录。

3. 根据仿真结果分析触发角大小与负载电压波形间的关系。

4. 观察单相桥式全控整流电路带电阻电感负载时，不接续流二极管和接续流二极管输出负载电压的区别，说明续流二极管的作用。

5. 测量、记录负载电压u_d的平均值U_d，与理论值进行比较。

5.5 具体步骤

1. 建立如图 5-2～图 5-4 所示的单相桥式全控整流带电阻负载、带电阻电感负载和带电阻电感负载接续流二极管的电路模型图，模型中需要的模块及其提取路径如表 5-1 所示。

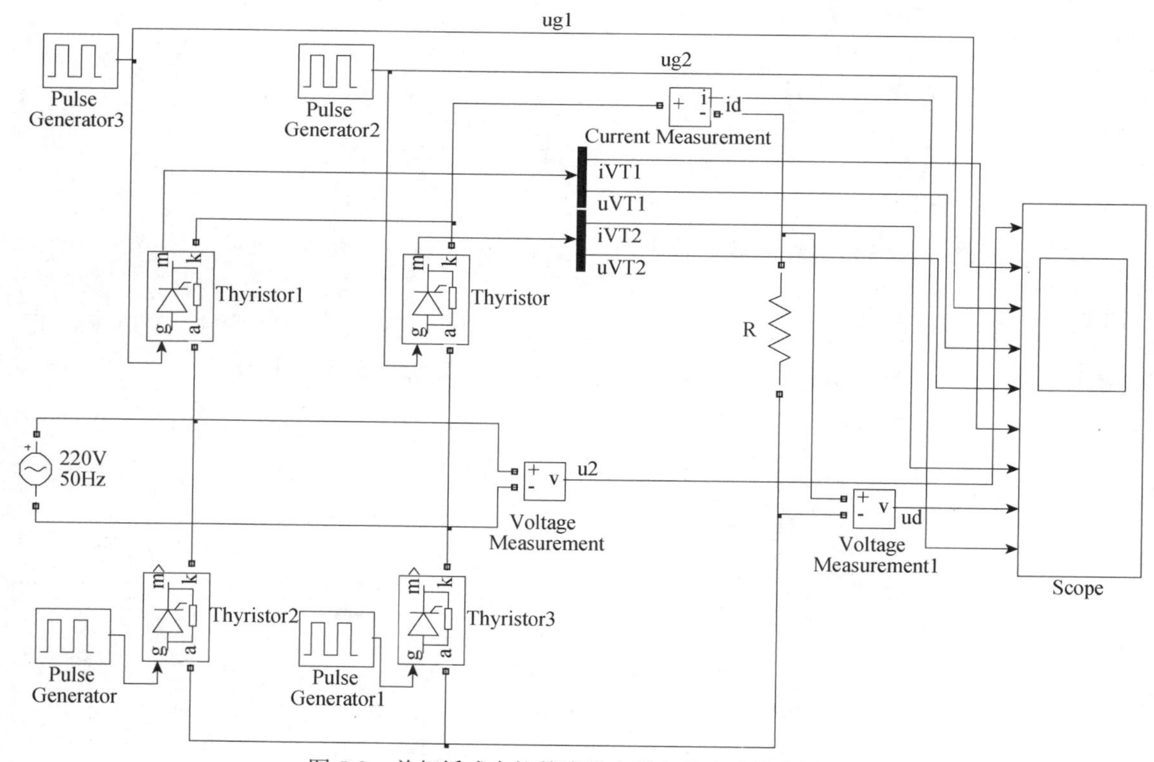

图 5-2 单相桥式全控整流带电阻负载电路仿真模型

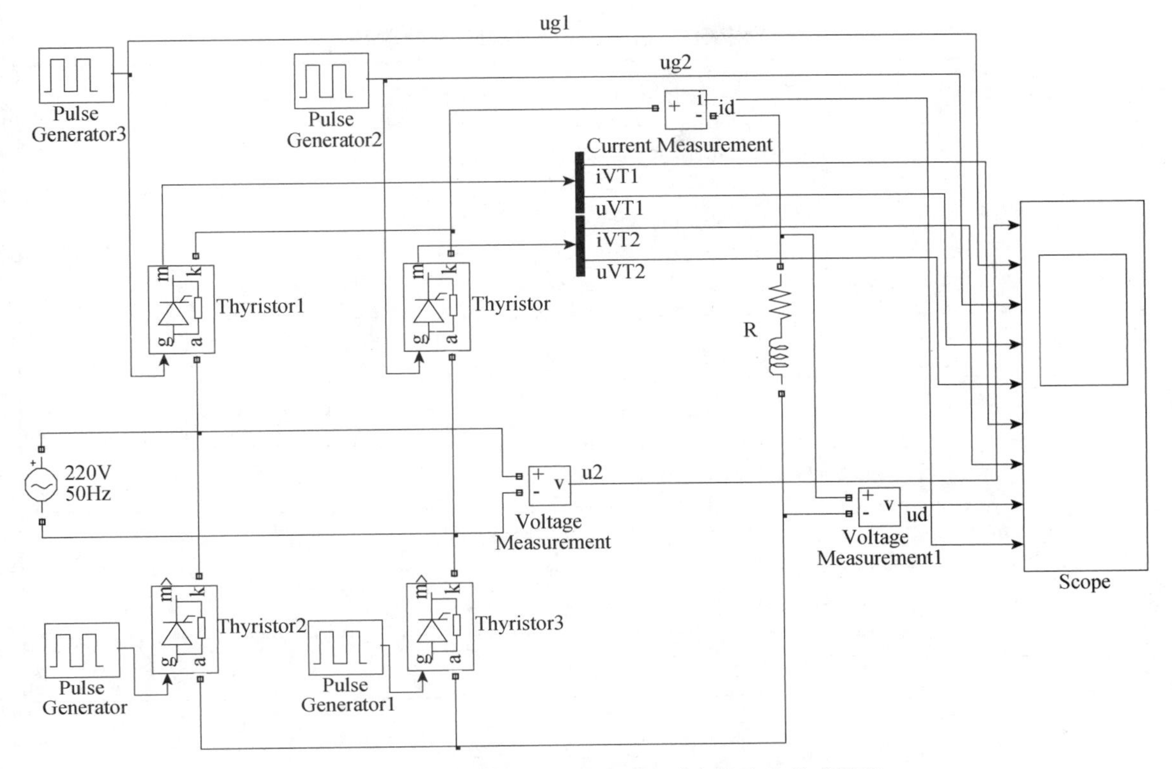

图 5-3　单相桥式全控整流带电阻电感负载电路仿真模型

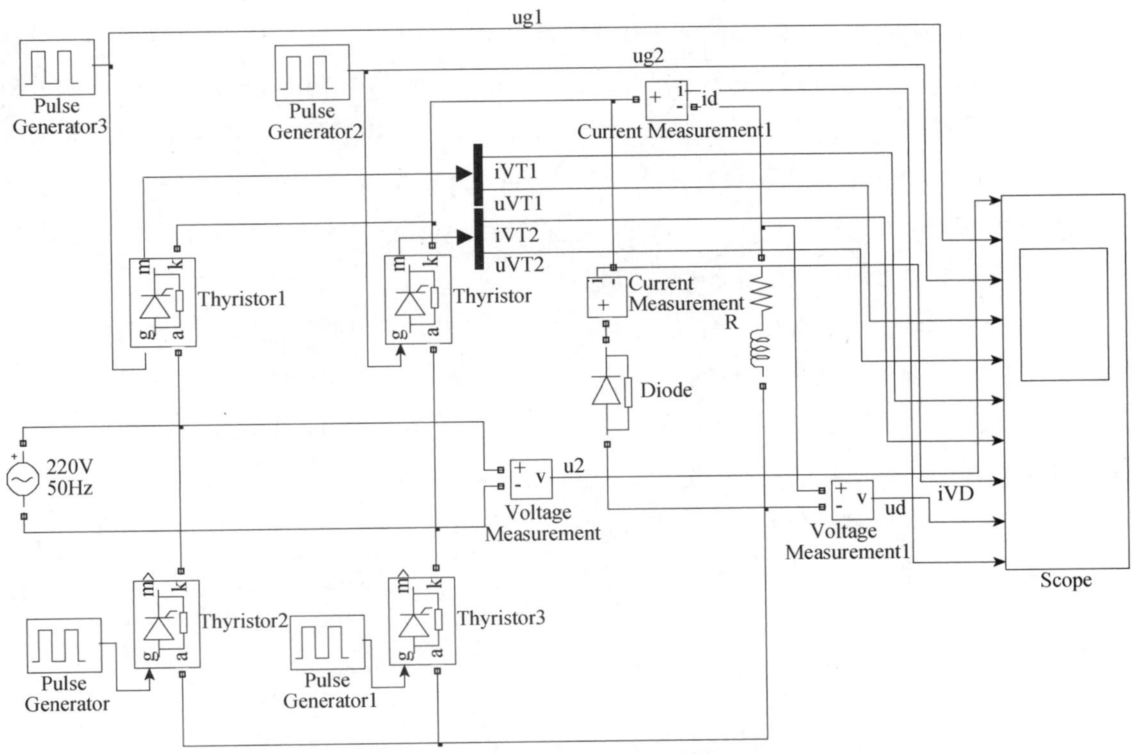

图 5-4　单相桥式全控整流带电阻电感负载接续流二极管电路仿真模型

表 5-1　模块名称及其提取路径

模块名称	提取路径
交流电压源	SimPowerSystems/Electrical Sources/AC Voltage Source
脉冲发生器	Simulink/Sources/Pulse Generator
晶闸管	SimPowerSystems/Power Electronics/Thyristor
功率二极管	SimPowerSystems/Power Electronics/Diode
负载	SimPowerSystems/Elements/Series RLC Branch
信号分解器	Simulink/Signal Routing/Demux
电压表	SimPowerSystems/Measurements/Voltage Measurement
电流表	SimPowerSystems/Measurements/Current Measurement
示波器	Simulink/Sinks/Scope

2. 模块参数设置：交流电压源中峰值设置为 $220\sqrt{2}$ V，频率设置为 50Hz。图 5-2 中电阻负载设置为 1Ω，图 5-3 和图 5-4 中电阻和电感负载设置为 1Ω和 0.01H。脉冲发生器中电压峰值设置为 3V，周期设置为 0.02s，脉冲宽度设置为 10%，相位延迟则用于设置触发角，设置值可根据公式（3.1）进行计算。注意在本实验中，VT1 和 VT4 的触发角必须相同，VT2 和 VT3 的触发角必须相同，且它们之间相差 180 度。例如，若需设置触发角为 30 度，则 VT1 和 VT4 触发脉冲的相位延迟应设置为 0.02×（30/360），而 VT2 和 VT3 触发脉冲的相位延迟则应设置为 0.02×（30/360）+0.01。晶闸管、功率二极管和信号分解器的参数可保持默认设置。示波器根据需要输出的波形个数设置输入端口数。

3. 仿真参数设置：将开始时间设置为 0，终止时间设置为 0.1，算法设置为 ode23tb。

4. 完成以上步骤后便可以开始仿真，仿真结束后双击示波器观察波形。单相桥式全控整流带电阻负载电路（如图 5-2 所示）在触发角为 30 度、60 度、90 度和 120 度时的仿真波形如图 5-5 所示。单相桥式全控整流带电阻电感负载电路（如图 5-3 所示）在触发角为 30 度、45 度、60 度和 90 度时的仿真波形如图 5-6 所示。单相桥式全控整流带电阻电感负载接续流二极管电路（如图 5-4 所示）在触发角为 30 度、60 度、90 度和 120 度时的仿真波形如图 5-7 所示。

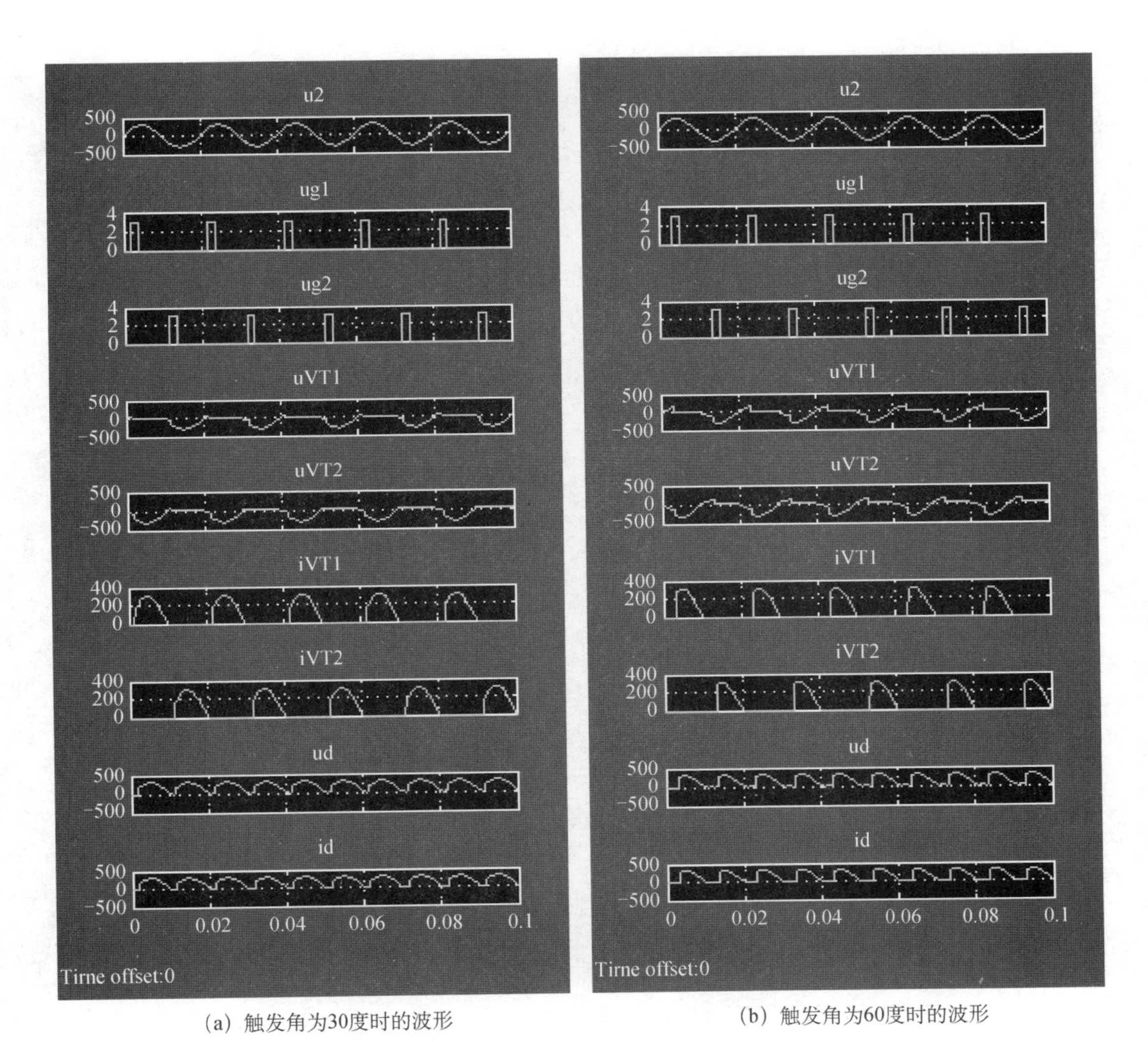

（a）触发角为30度时的波形　　（b）触发角为60度时的波形

图 5-5　单相桥式全控整流带电阻负载电路仿真波形

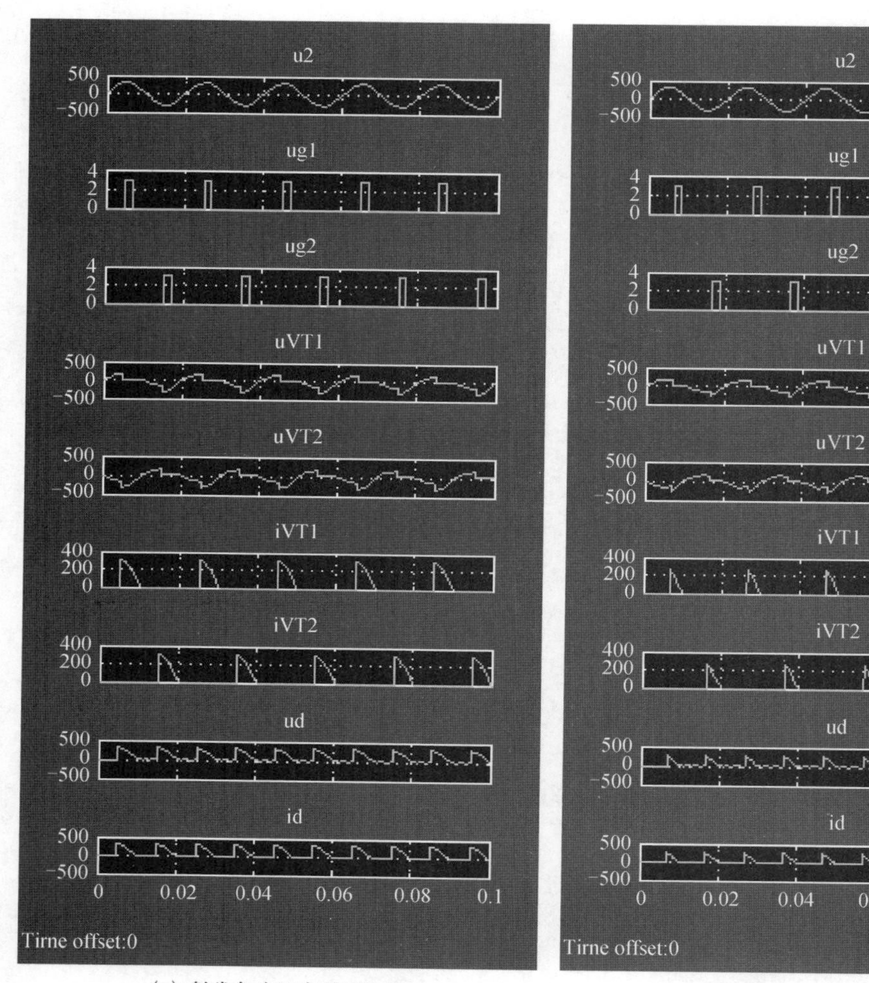

（c）触发角为90度时的波形　　（d）触发角为120度时的波形

图 5-5　单相桥式全控整流带电阻负载电路仿真波形（续）

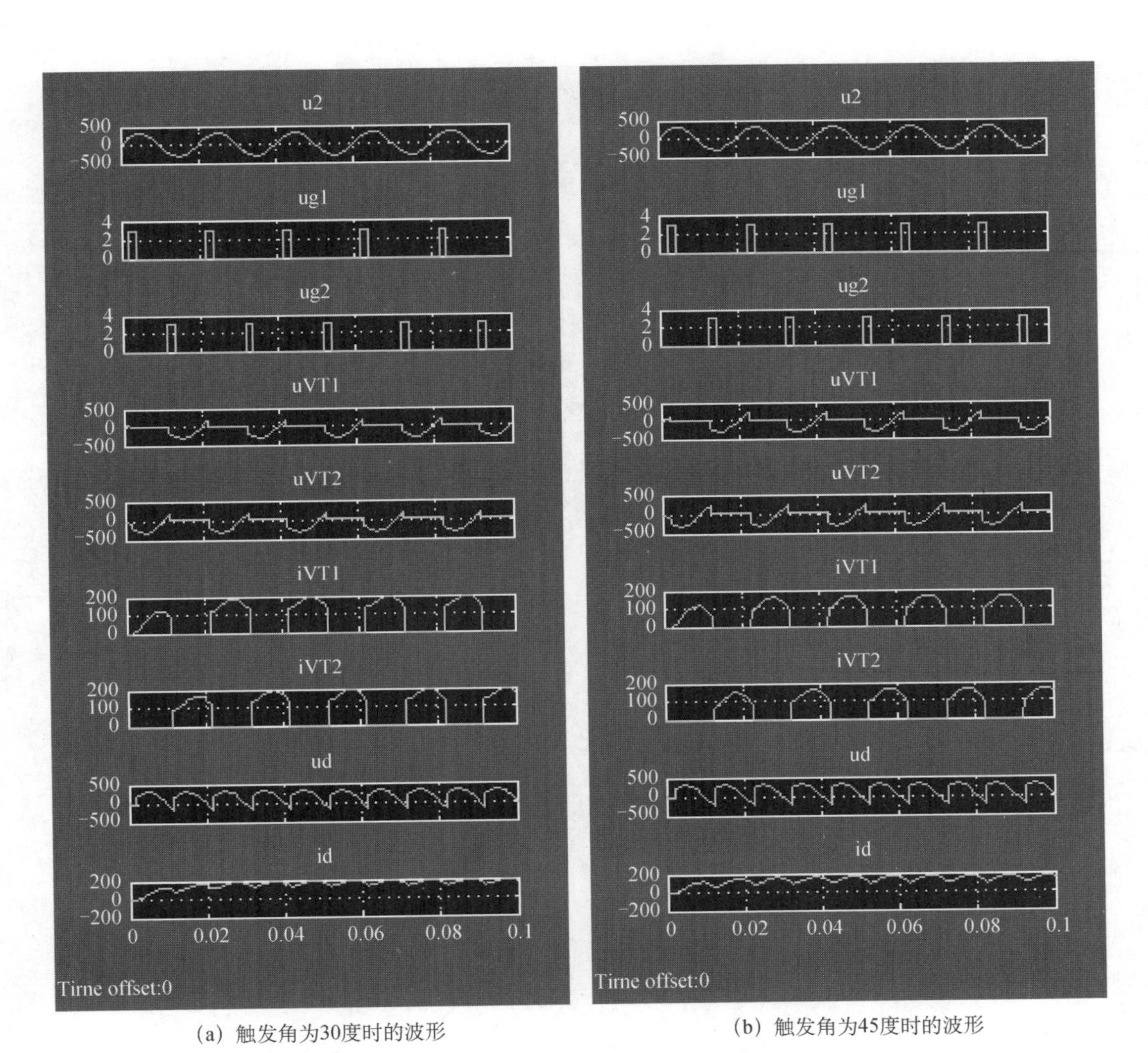

（a）触发角为30度时的波形

（b）触发角为45度时的波形

图 5-6　单相桥式全控整流带电阻电感负载电路仿真波形

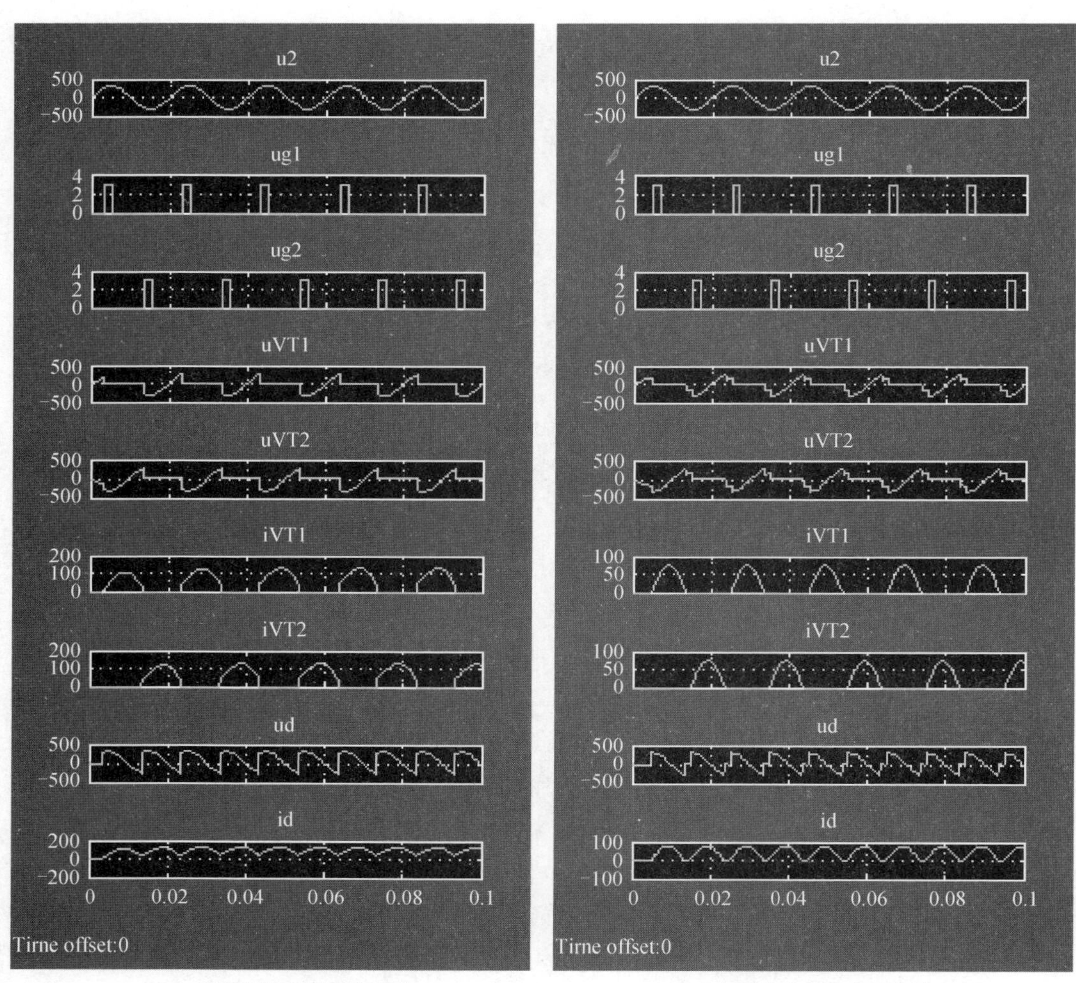

（c）触发角为60度时的波形　　（d）触发角为90度时的波形

图 5-6　单相桥式全控整流带电阻电感负载电路仿真波形（续）

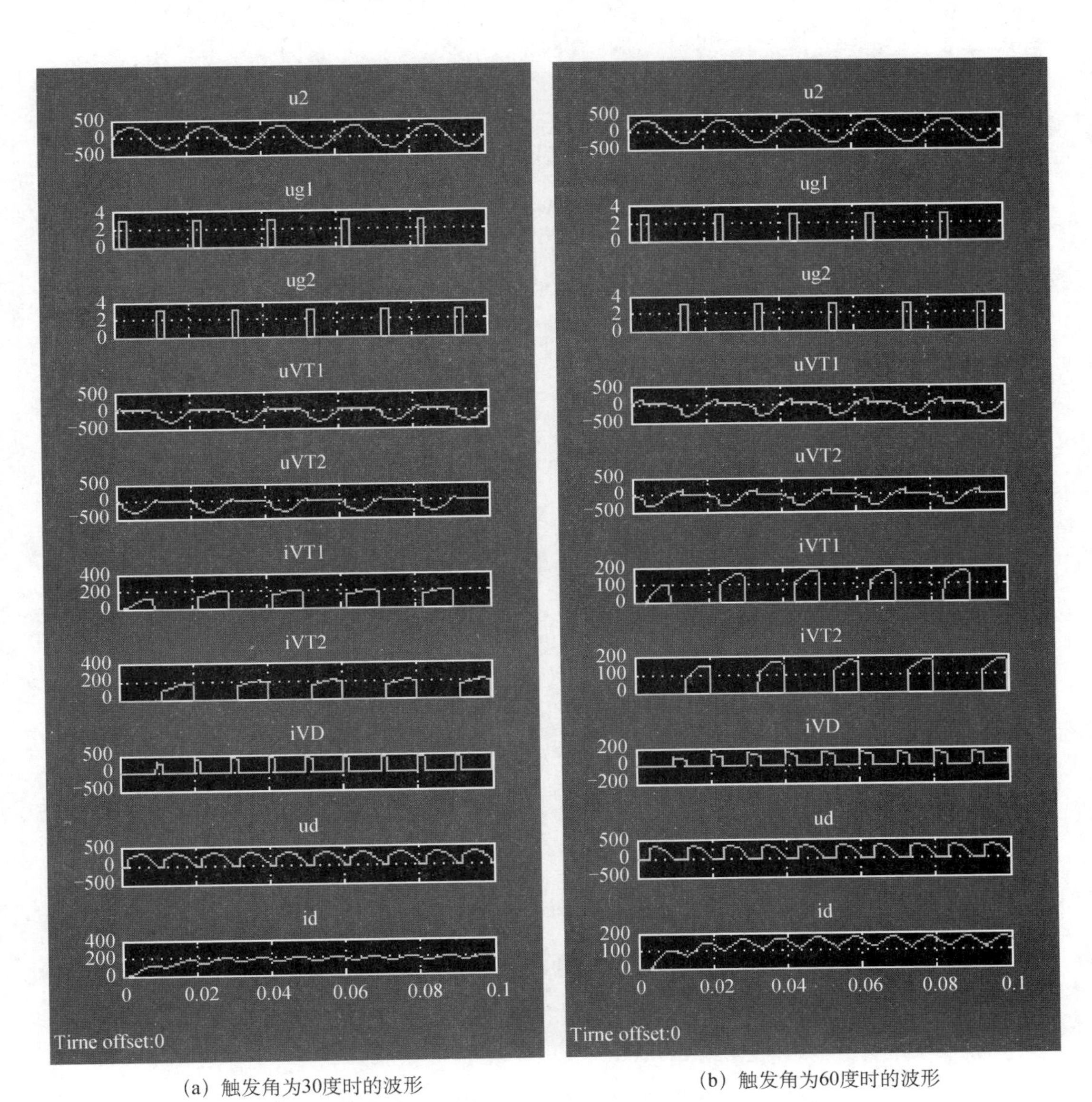

（a）触发角为30度时的波形　　（b）触发角为60度时的波形

图 5-7　单相桥式全控整流带电阻电感负载接续流二极管电路仿真波形

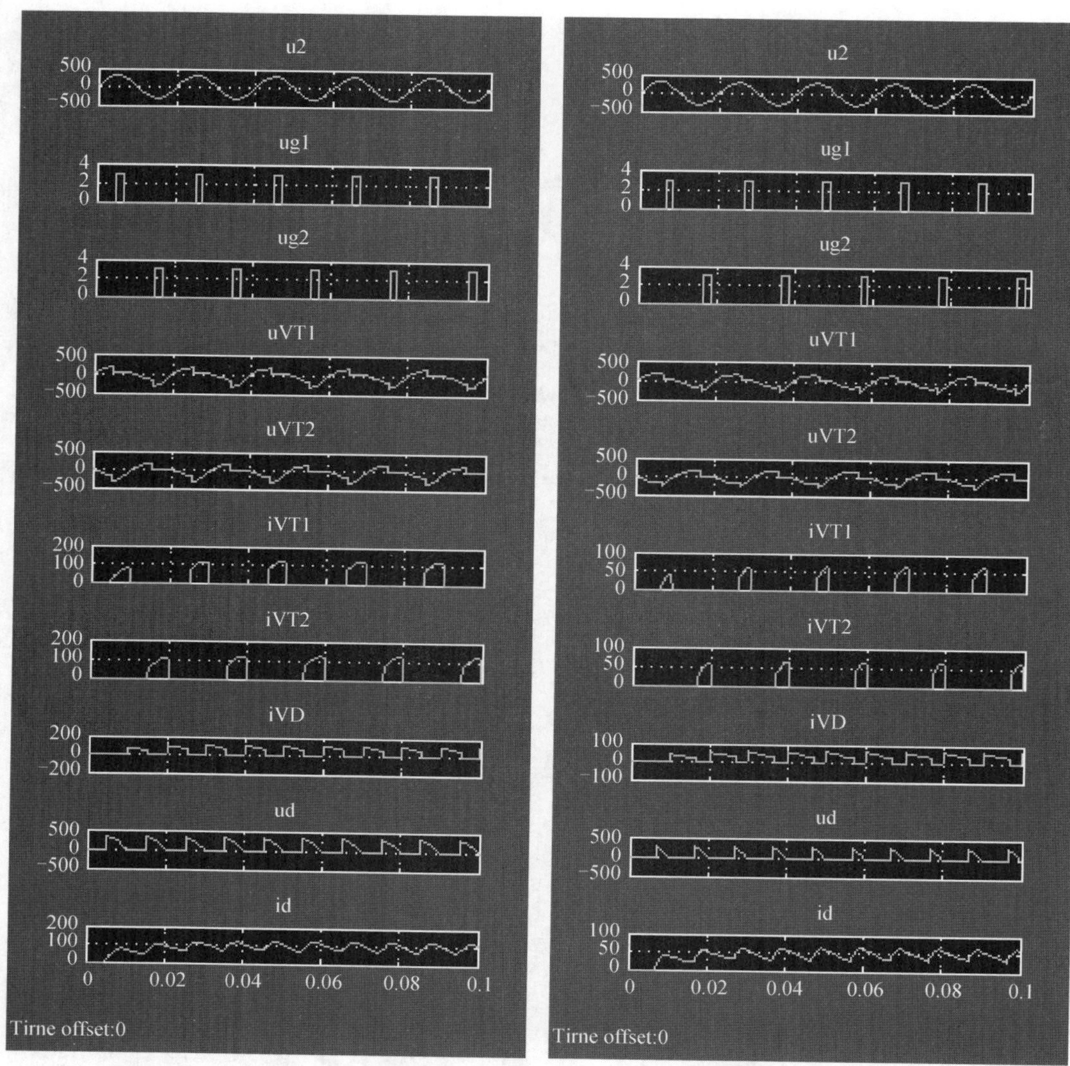

（c）触发角为90度时的波形　　（d）触发角为120度时的波形

图 5-7　单相桥式全控整流带电阻电感负载接续流二极管电路仿真波形（续）

5. 根据附录 A 波形平均值测量方法，分别测量单相桥式全控整流带电阻负载、带电阻电感负载和带电阻电感负载接续流二极管电路的负载电压平均值U_d，记录于表 5-2、表 5-3 和表 5-4 中，并与U_d的理论计算值进行比较。

表 5-2　单相桥式全控整流带电阻负载电路负载电压记录表

触发角 α	30 度	60 度	90 度	120 度
电源电压有效值 U_2 / V				
负载电压 U_d（测量值）/ V				
负载电压 U_d（计算值）/ V				

表 5-3　单相桥式全控整流带电阻电感负载电路负载电压记录表

触发角 α	30 度	45 度	60 度	90 度
电源电压有效值 U_2 / V				
负载电压 U_d（测量值）/ V				
负载电压 U_d（计算值）/ V				

表 5-4　单相桥式全控整流带电阻电感负载接续流二极管电路负载电压记录表

触发角 α	30 度	60 度	90 度	120 度
电源电压有效值 U_2 / V				
负载电压 U_d（测量值）/ V				
负载电压 U_d（计算值）/ V				

5.6　总结分析

1. 根据仿真结果分析单相桥式全控整流电路在带电阻负载、带电阻电感负载及带电阻电感负载接续流二极管时的工作情况。

2. 改变仿真模型中各模块的参数设置和仿真参数，如增大或减小负载的电感量，观察波形的变化，分析波形变化的原因。

5.7　实训报告

实训项目名称：　　　　　　　　　　　　　成绩：

实训日期：　　　　　　　　　　　　　　实训地点：

一、实训目的

二、实训要求

三、实训内容和步骤

四、实训结果与总结分析

指导教师评语：

指导教师签名：

年　　月　　日

项目六　三相半波可控整流电路

6.1　项目要求

项目六.mp4

1. 掌握三相半波可控整流电路在带电阻负载、带电阻电感负载及带电阻电感负载接续流二极管时的工作情况。
2. 理解触发角大小与负载电压波形间的关系。
3. 了解续流二极管的作用。

6.2　仿真工具

MATLAB/ Simulink/ SimPowerSystems

6.3　电路原理

三相半波可控整流带电阻负载、带电阻电感负载和带电阻电感负载接续流二极管的电路如图 6-1 所示。u_A、u_B、u_C 分别为 A、B、C 三相的电压，u_d 为负载电压，i_d 为负载电流，i_{VT1}、i_{VT2} 和 i_{VT3} 分别为流过晶闸管 VT1、VT2 和 VT3 的电流，i_{VD} 为流过二极管的电流，

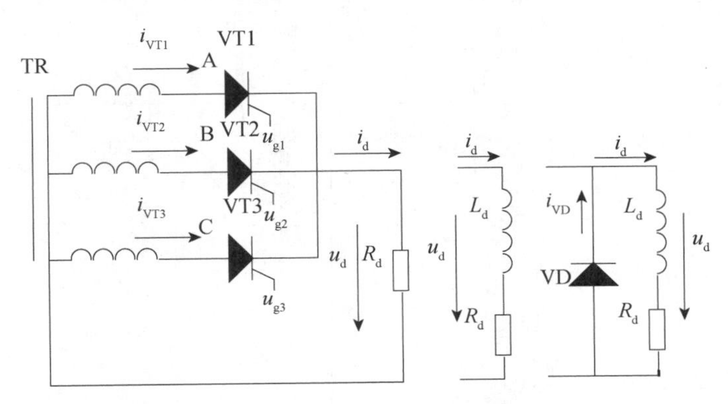

图 6-1　三相半波可控整流电路

u_{VT1}、u_{VT2}和u_{VT3}分别为晶闸管VT1、VT2和VT3的阳极与阴极间电压，u_{g1}、u_{g2}、u_{g3}分别为晶闸管VT1、VT2和VT3的触发脉冲电压。

6.4　项目内容

1. 以图6-1为原理图，在Simulink中分别建立三相半波可控整流带电阻负载、带电阻电感负载和带电阻电感负载接续流二极管的电路仿真模型并进行仿真。

2. 利用Simulink中的示波器模块，显示u_A、u_B、u_C、u_{g1}、u_{g2}、u_{g3}、u_{VT1}、u_{VT2}、u_{VT3}、i_{VT1}、i_{VT2}、i_{VT3}、i_{VD}、u_d和i_d的波形并记录。

3. 根据仿真结果分析触发角大小与负载电压波形间的关系。

4. 观察三相半波可控整流电路带电阻电感负载时，不接续流二极管和接续流二极管输出负载电压的区别，说明续流二极管的作用。

5. 测量、记录负载电压u_d的平均值U_d，与理论值进行比较。

6.5　具体步骤

1. 建立如图6-2～图6-4所示的三相半波可控整流带电阻负载、带电阻电感负载和带电阻电感负载接续流二极管的电路模型图，模型中需要的模块及其提取路径如表6-1所示。

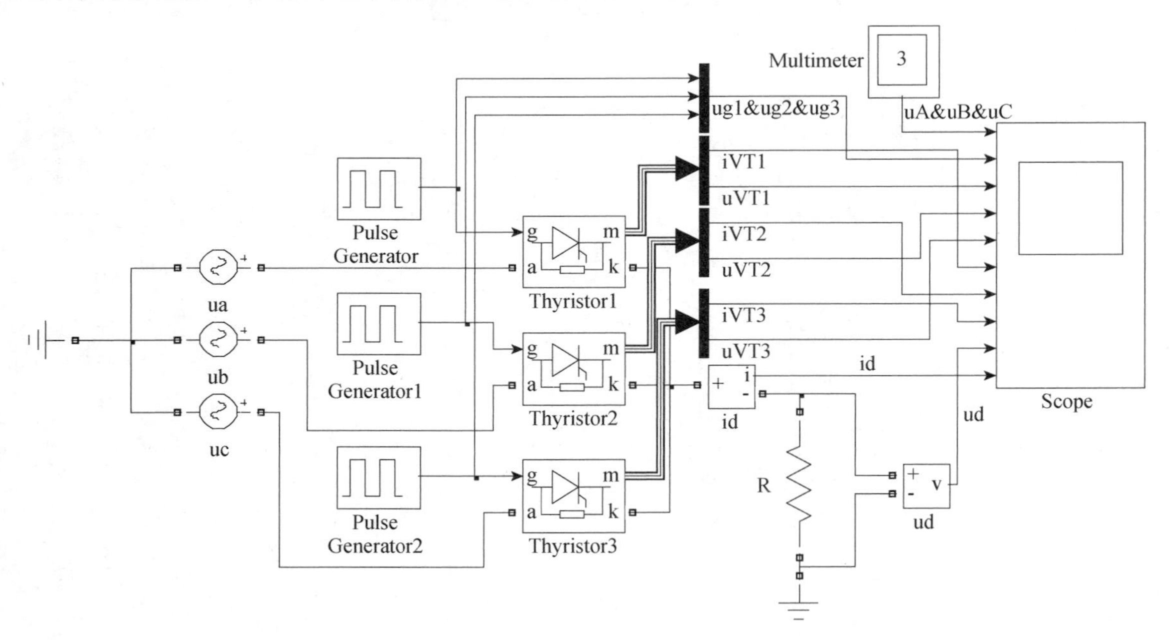

图6-2　三相半波可控整流带电阻负载电路仿真模型

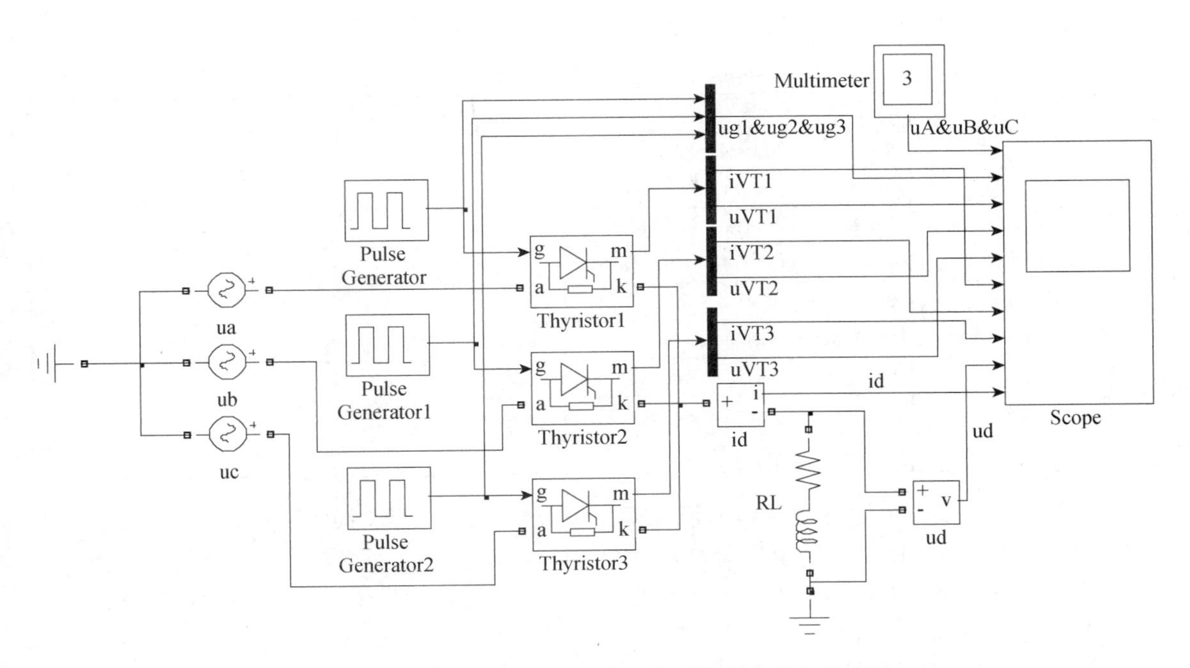

图 6-3　三相半波可控整流带电阻电感负载电路仿真模型

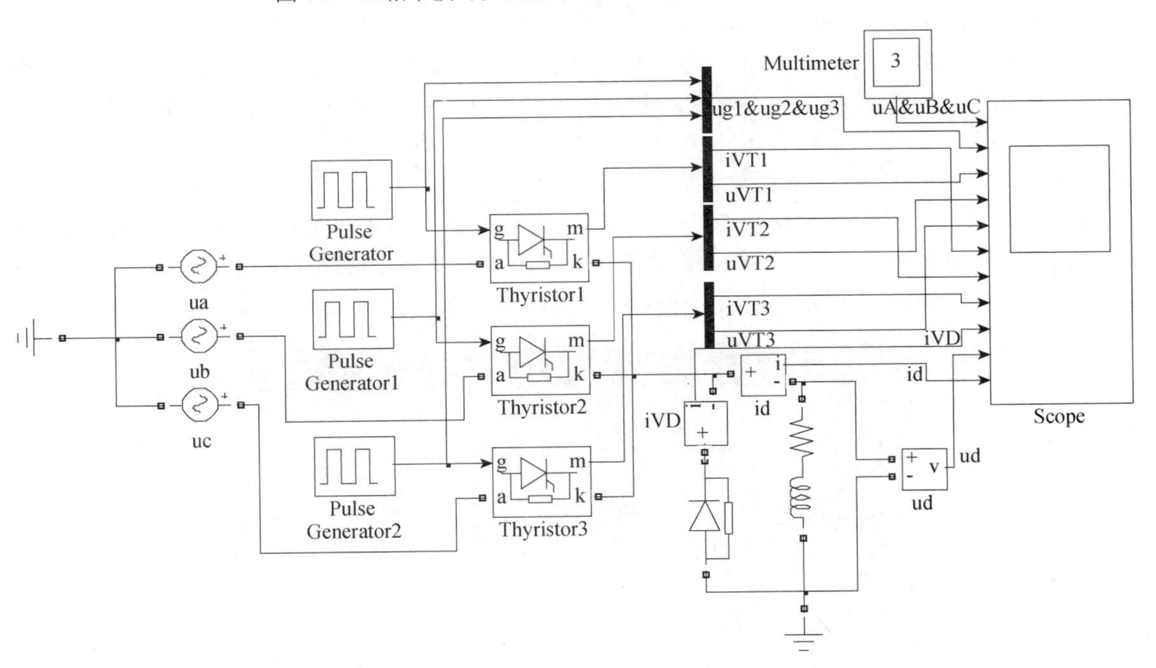

图 6-4　三相半波可控整流带电阻电感负载接续流二极管电路仿真模型

表 6-1　模块名称及其提取路径

模块名称	提取路径
交流电压源	SimPowerSystems/Electrical Sources/AC Voltage Source
脉冲发生器	Simulink/Sources/Pulse Generator
晶闸管	SimPowerSystems/Power Electronics/Thyristor

续表

模块名称	提取路径
功率二极管	SimPowerSystems/Power Electronics/Diode
负载	SimPowerSystems/Elements/Series RLC Branch
接地端子	SimPowerSystems/Elements/Ground
信号分解器	Simulink/Signal Routing/Demux
信号合成器	Simulink/Signal Routing/Mux
电压表	SimPowerSystems/Measurements/Voltage Measurement
电流表	SimPowerSystems/Measurements/Current Measurement
多路测量器	SimPowerSystems/Measurements/ Multimeter
示波器	Simulink/Sinks/Scope

2. 模块参数设置：三个交流电压源的峰值设置为 $220\sqrt{2}$ V，频率设置为 50Hz，A 相初始相位设置为 0 度，B 相初始相位设置为−120 度，C 相初始相位设置为−240 度，为配合多路测量器输出三个交流电压源的电压波形，还需将三个交流电压源参数设置中的测量项由 None 改为 Voltage，图 6-5 为 B 相电压源的参数设置图。图 6-2 中电阻负载设置为 1Ω，图 6-3 和图 6-4 中电阻和电感负载设置为 1Ω和 0.01H。脉冲发生器中电压峰值设置为 3V，周期设置为 0.02s，脉冲宽度设置为 10%，相位延迟则用于设置触发角，设置值可根据公式（3.1）进行计算。注意在本实验中，VT1、VT2 和 VT3 的触发角之间必须相差 120 度，并且在三相整流电路中，自然换流点为触发角的起算点，即脉冲发生器中设置的脉冲相位延迟应为触发角 α 加上 30 度。例如，若需设置触发角为 30 度，则 VT1 触发脉冲的相位延迟应设置为 0.02×（(30+30）/360），VT2 触发脉冲的相位延迟应设置为 0.02×（(30+30）/360）+ 0.02×（120/360），VT3 触发脉冲的相位延迟应设置为 0.02×（(30+30）/360）+ 0.02×（240/360）。信号合成器的参数设置如图 6-6 所示。多路测量器的参数设置如图 6-7 所示。晶闸管、功率二极管和信号分解器的参数可保持默认设置。示波器根据需要输出的波形个数设置输入端口数。

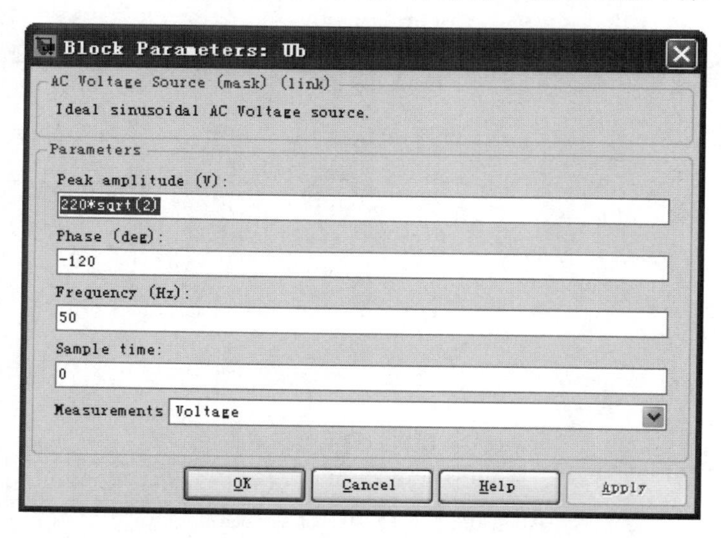

图 6-5　B 相交流电压源参数设置

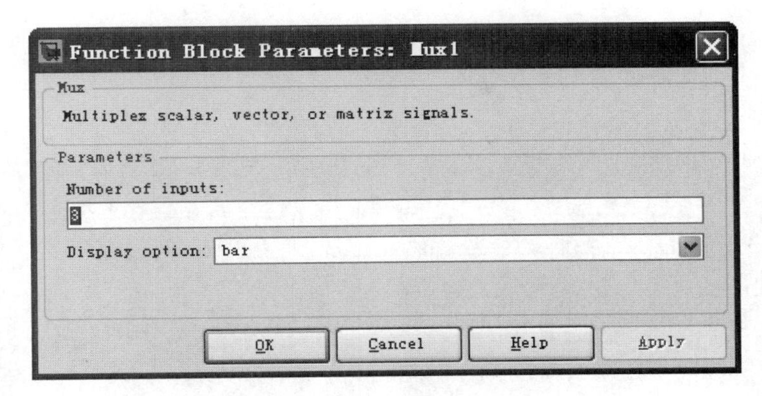

图 6-6　信号合成器参数设置

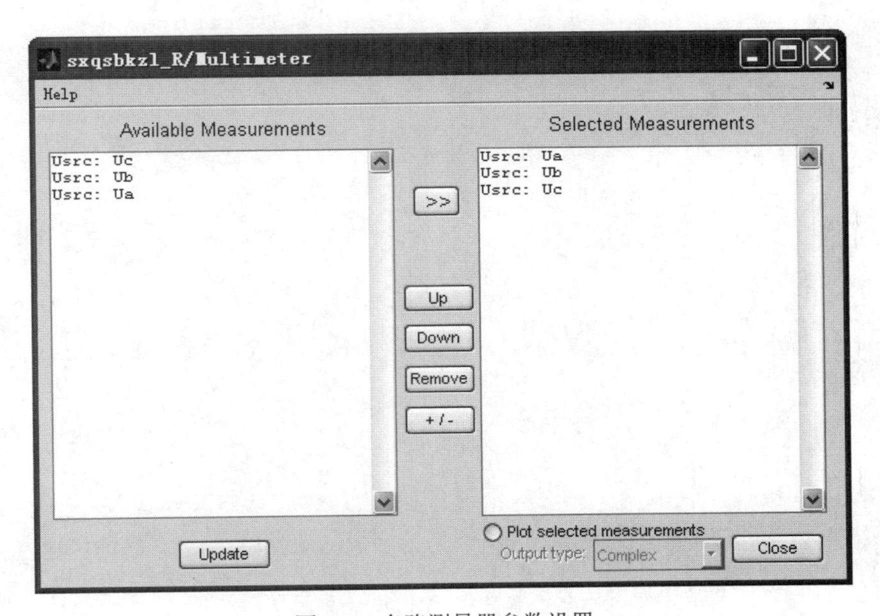

图 6-7　多路测量器参数设置

3. 仿真参数设置：将开始时间设置为 0，终止时间设置为 0.05，算法设置为 ode23tb。

4. 完成以上步骤后便可以开始仿真，仿真结束后双击示波器观察波形。三相半波可控整流带电阻负载电路（如图 6-2 所示）在触发角为 30 度、60 度、90 度和 120 度时的仿真波形如图 6-8 所示。三相半波可控整流带电阻电感负载电路（如图 7-3 所示）在触发角为 30 度、45 度、60 度和 90 度时的仿真波形如图 6-9 所示。三相半波可控整流带电阻电感负载接续流二极管电路（如图 6-4 所示）在触发角为 30 度、60 度、90 度和 120 度时的仿真波形如图 6-10 所示。

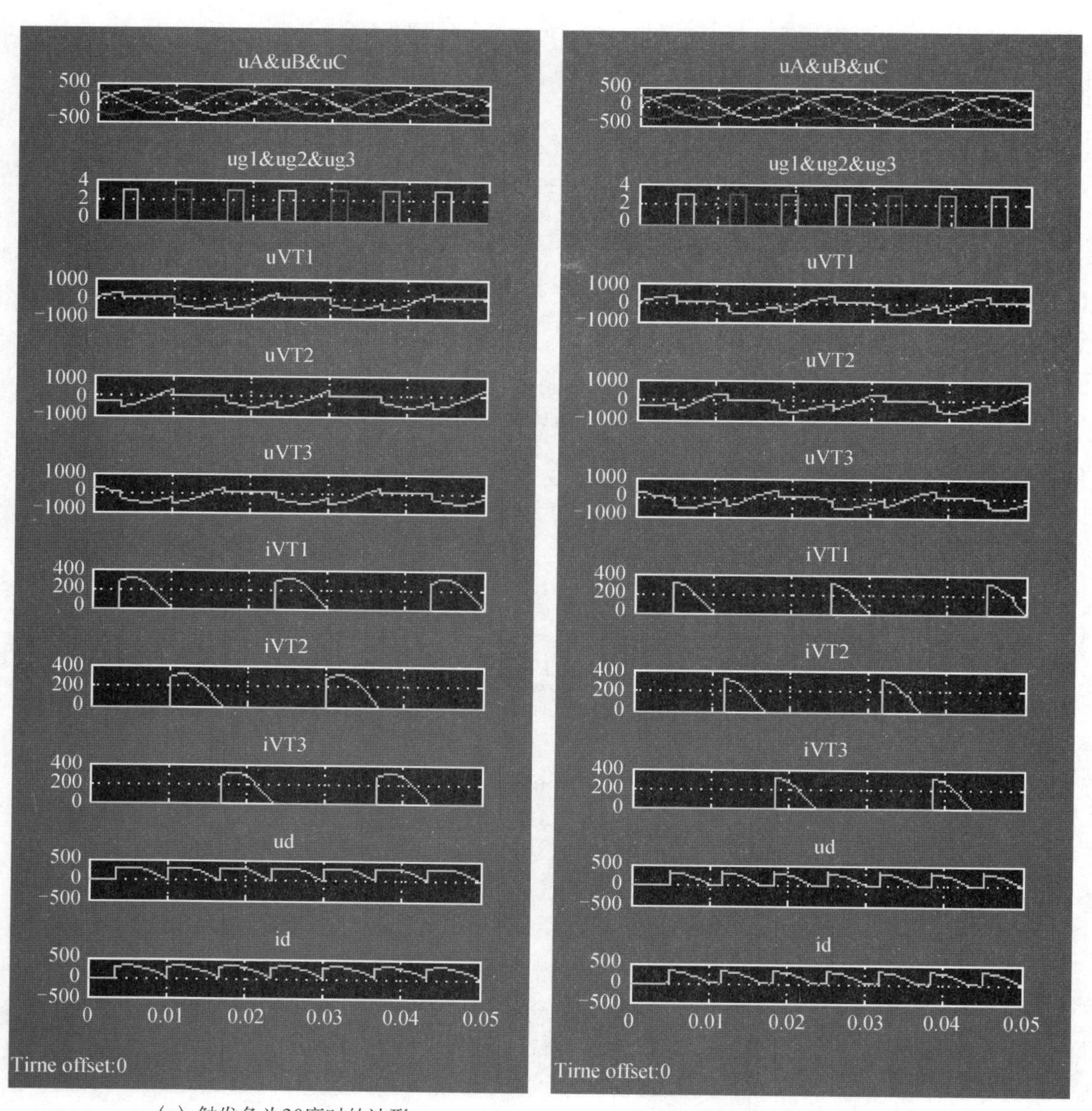

（a）触发角为30度时的波形

（b）触发角为60度时的波形

图 6-8 三相半波可控整流带电阻负载电路仿真波形

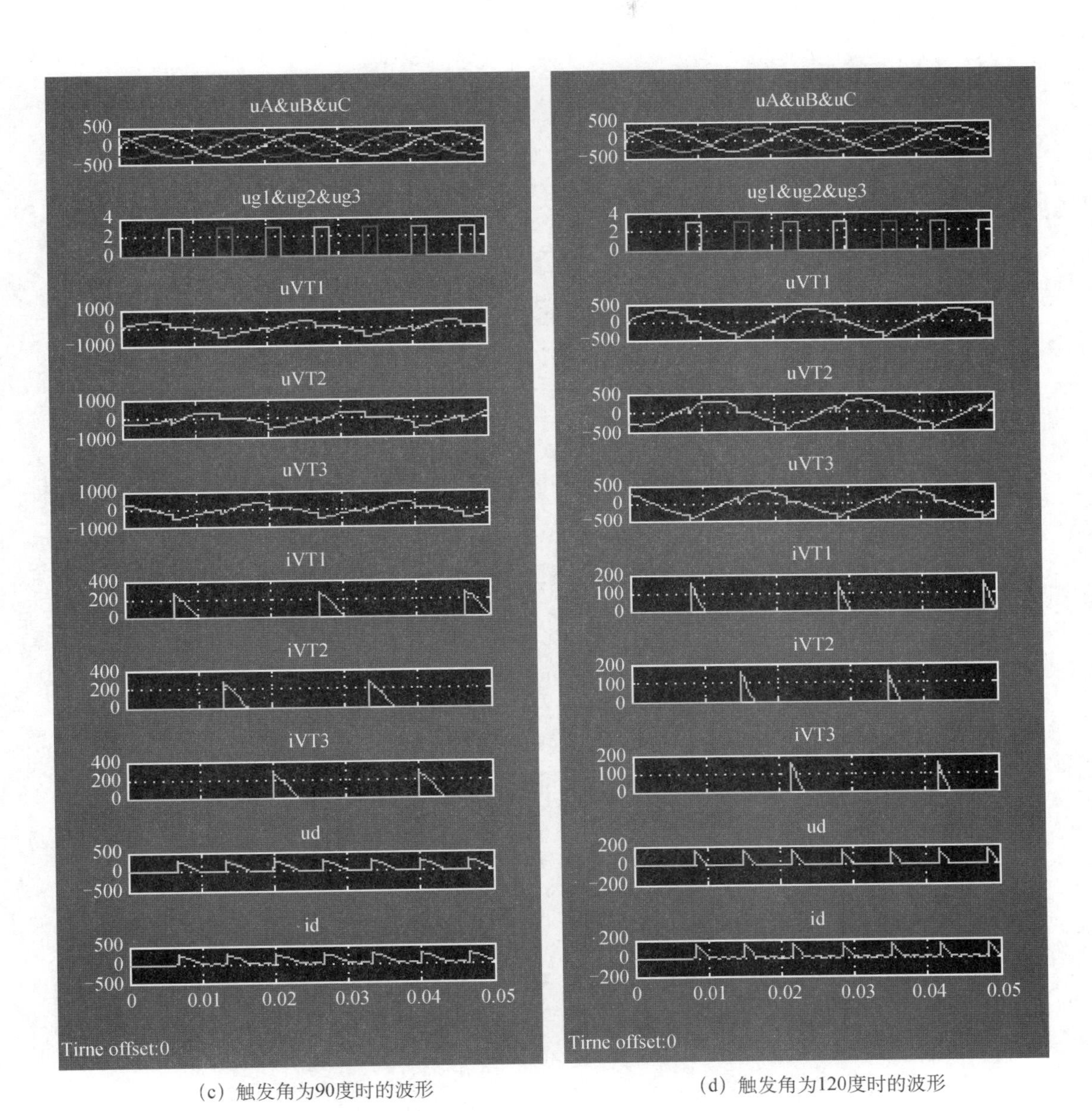

(c) 触发角为90度时的波形　　　　(d) 触发角为120度时的波形

图 6-8　三相半波可控整流带电阻负载电路仿真波形（续）

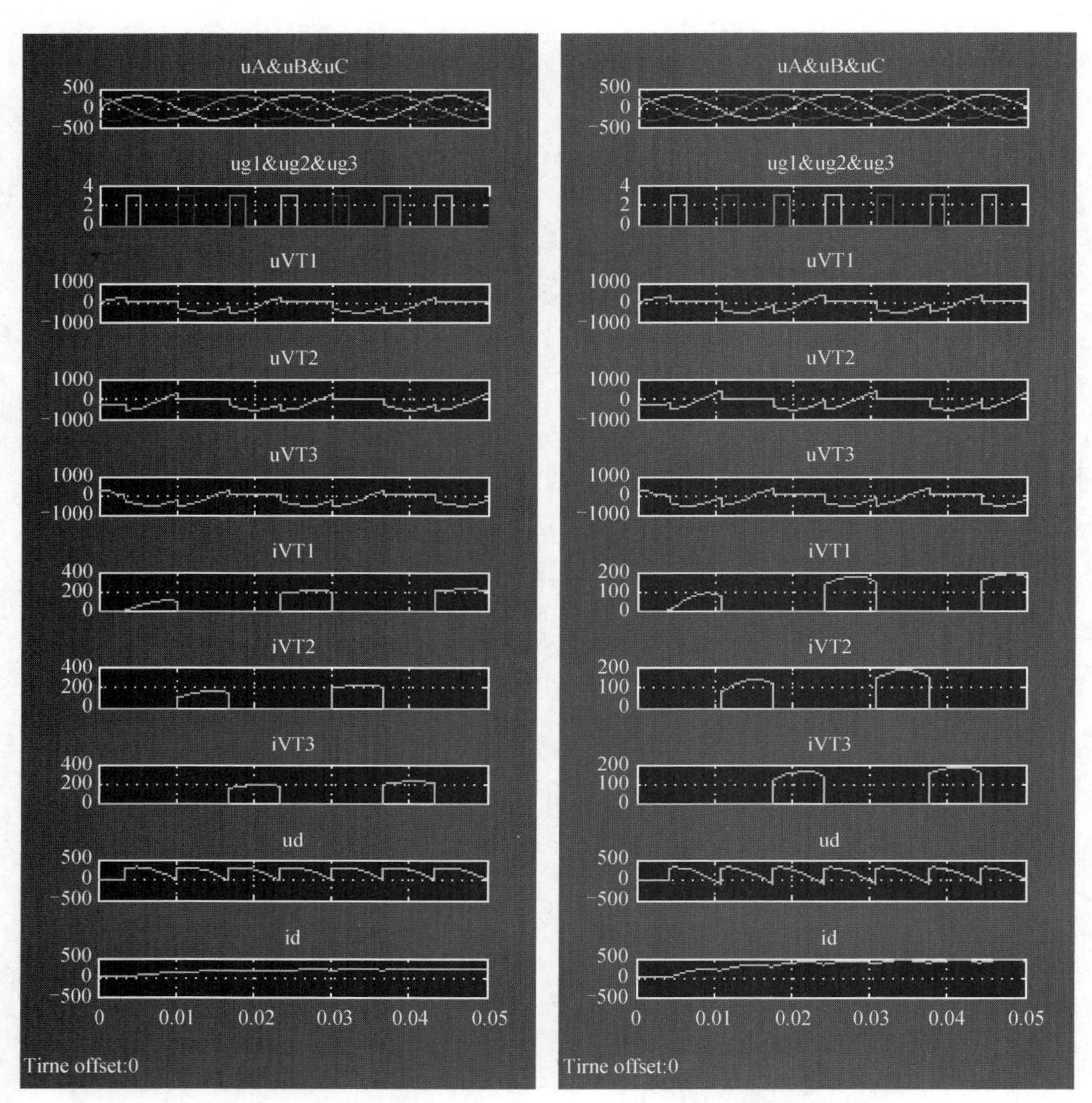

（a）触发角为30度时的波形　　　　（b）触发角为45度时的波形

图 6-9　三相半波可控整流带电阻电感负载电路仿真波形

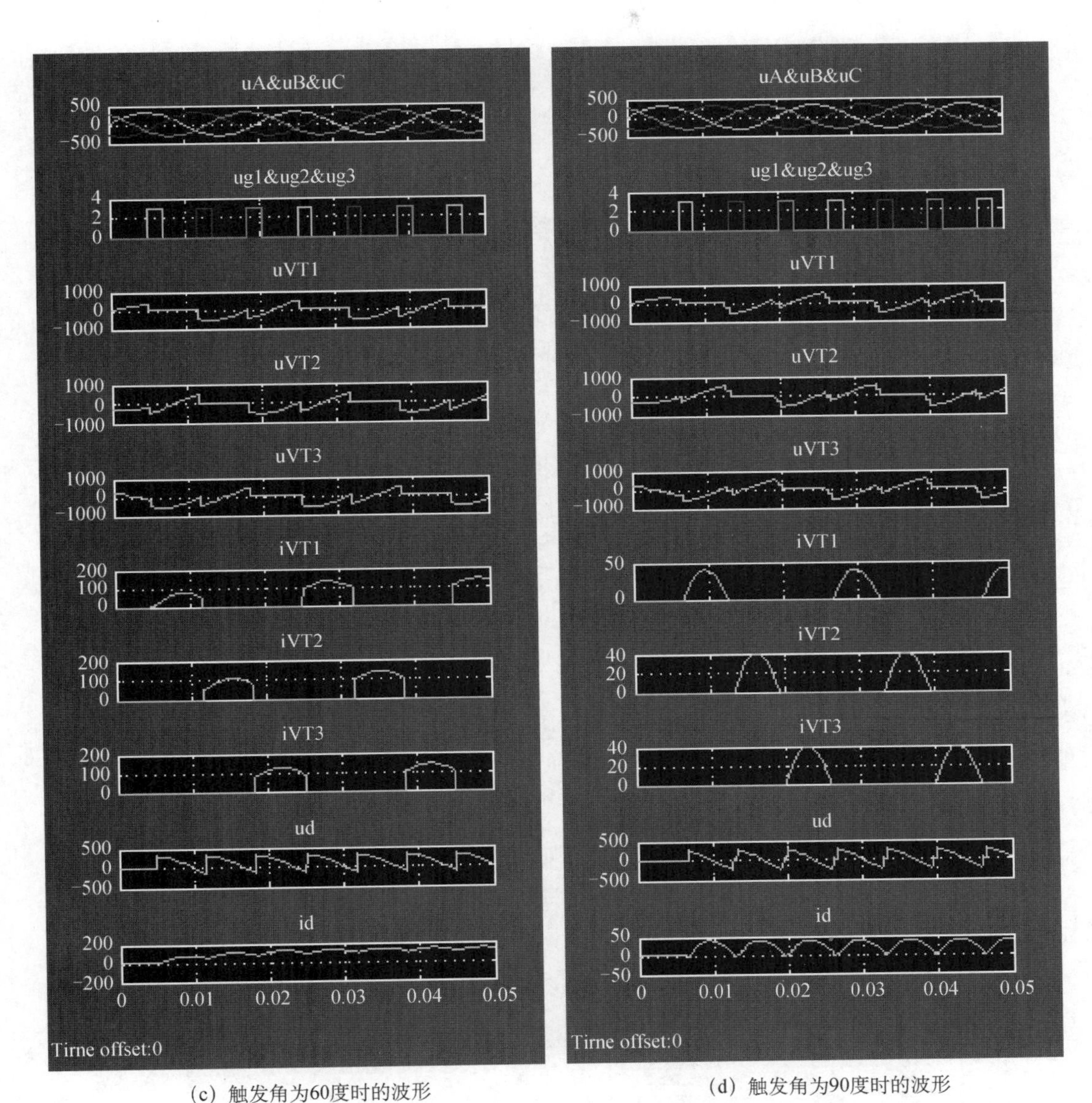

（c）触发角为60度时的波形

（d）触发角为90度时的波形

图 6-9　三相半波可控整流带电阻电感负载电路仿真波形（续）

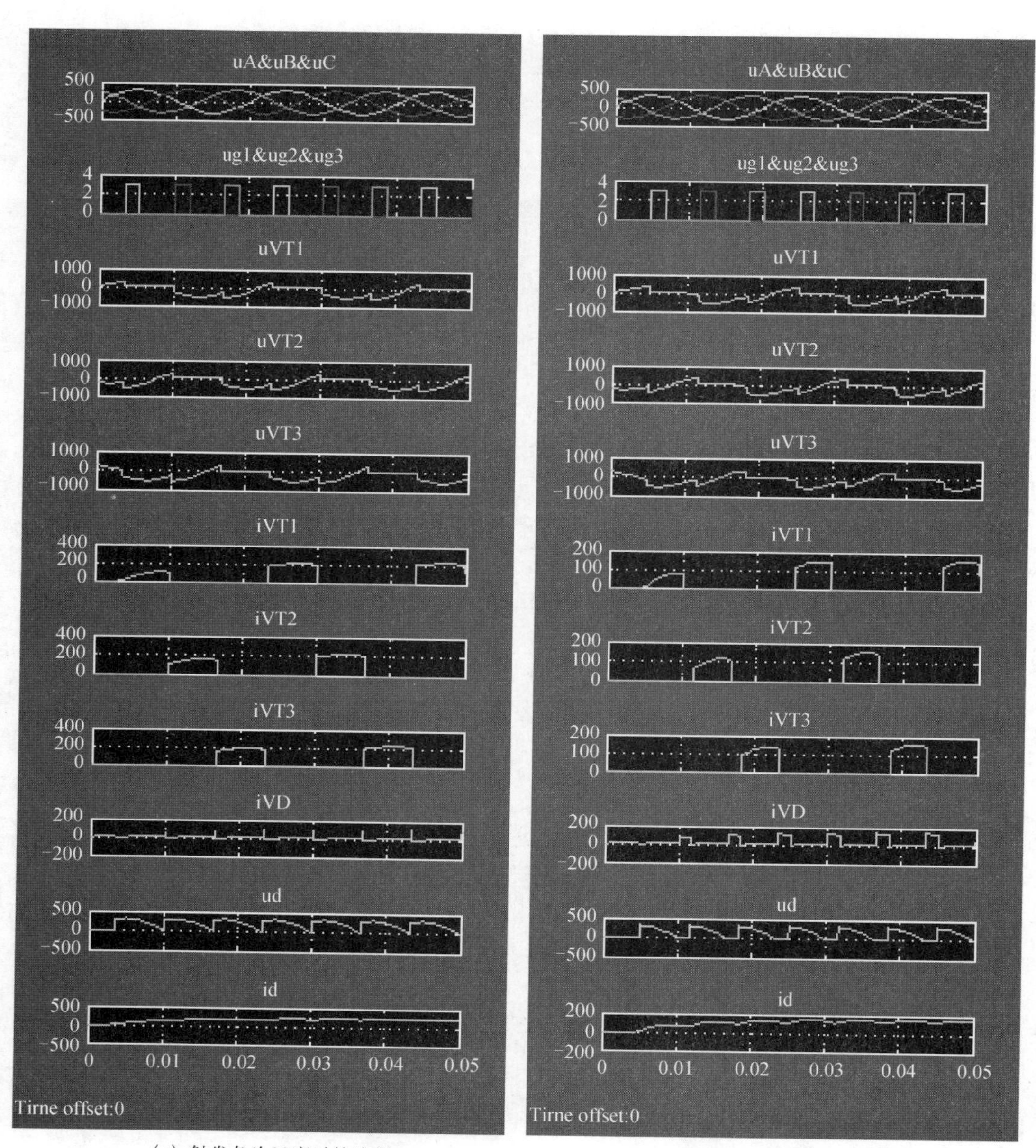

（a）触发角为30度时的波形　　（b）触发角为60度时的波形

图 6-10　三相半波可控整流带电阻电感负载接续流二极管电路仿真波形

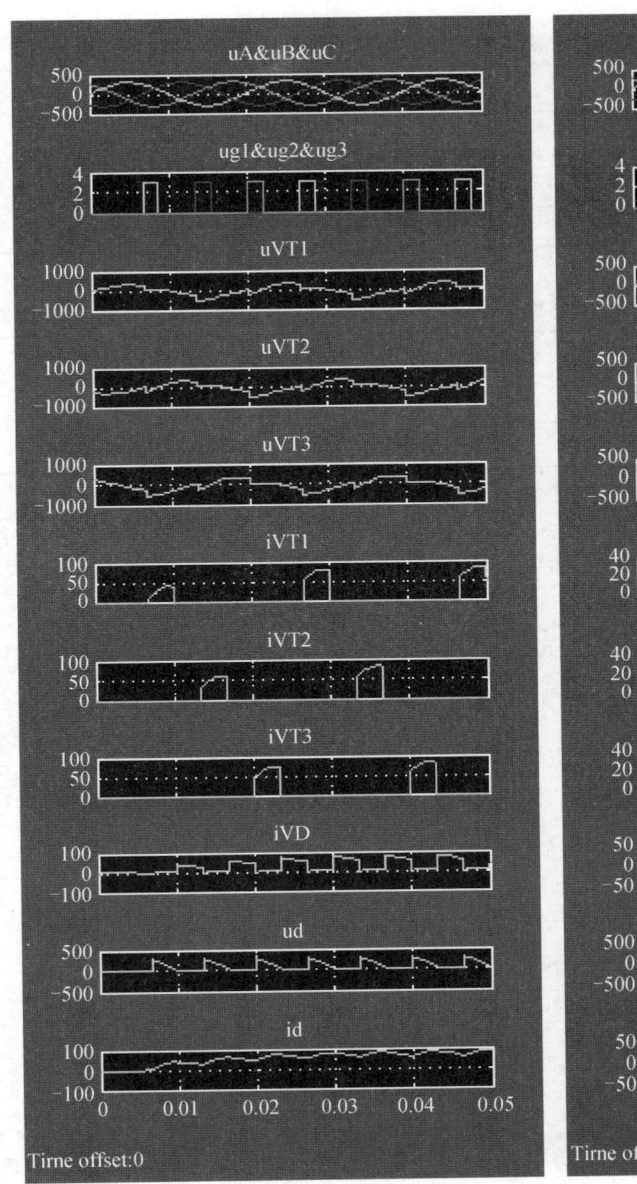

（c）触发角为90度时的波形

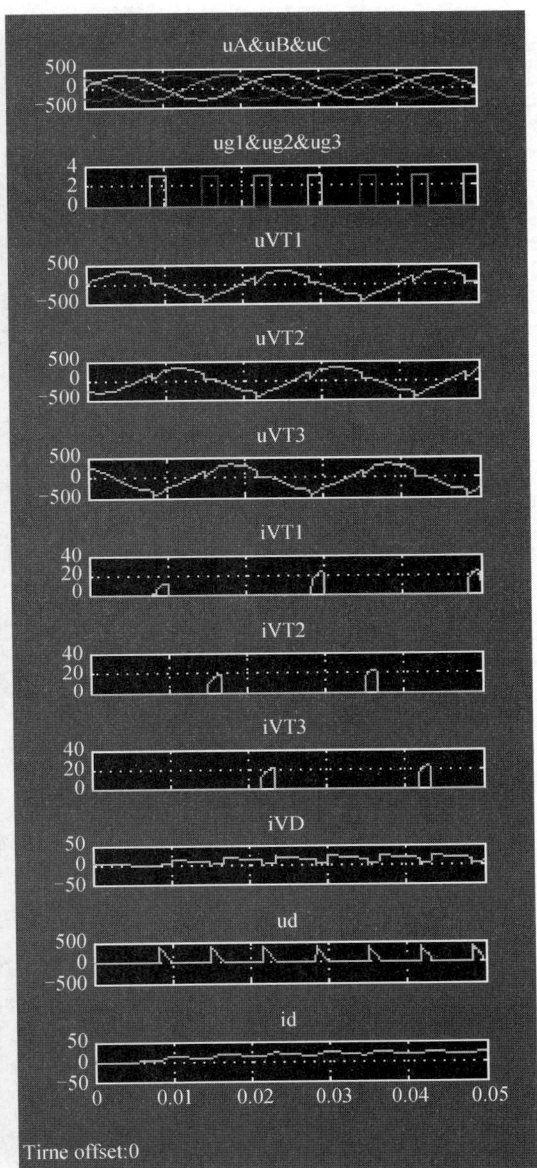

（d）触发角为120度时的波形

图 6-10　三相半波可控整流带电阻电感负载接续流二极管电路仿真波形（续）

5. 根据附录 A 波形平均值测量方法，分别测量三相半波可控整流带电阻负载、带电阻电感负载和带电阻电感负载接续流二极管电路的负载电压平均值U_d，记录于表 6-2、表 6-3 和表 6-4 中，并与U_d的理论计算值进行比较。

表 6-2　三相半波可控整流带电阻负载电路负载电压记录表

触发角 α	30 度	60 度	90 度	120 度
电源电压有效值 U_2 / V				
负载电压 U_d（测量值）/ V				
负载电压 U_d（计算值）/ V				

表 6-3　三相半波可控整流带电阻电感负载电路负载电压记录表

触发角 α	30 度	45 度	60 度	90 度
电源电压有效值 U_2 / V				
负载电压 U_d（测量值）/ V				
负载电压 U_d（计算值）/ V				

表 6-4　三相半波可控整流带电阻电感负载接续流二极管电路负载电压记录表

触发角 α	30 度	60 度	90 度	120 度
电源电压有效值 U_2 / V				
负载电压 U_d（测量值）/ V				
负载电压 U_d（计算值）/ V				

6.6　总结分析

1. 根据仿真结果分析三相半波可控整流电路在带电阻负载、带电阻电感负载及带电阻电感负载接续流二极管时的工作情况。

2. 改变仿真模型中各模块的参数设置和仿真参数，如增大或减小负载的电感量，观察波形的变化，分析波形变化的原因。

6.7　实训报告

实训项目名称：　　　　　　　　　　　　　　　　　　成绩：

实训日期：　　　　　　　　　　　　　　　　　　　　实训地点：

一、实训目的

二、实训要求

三、实训内容和步骤

四、实训结果与总结分析

指导教师评语：

指导教师签名：

年　　月　　日

项目七　三相桥式半控整流电路

7.1　项目要求

项目七.mp4

1. 掌握三相桥式半控整流电路在带电阻负载、带电阻电感负载及带电阻电感负载接续流二极管时的工作情况。
2. 理解触发角大小与负载电压波形间的关系。
3. 了解续流二极管的作用。

7.2　仿真工具

MATLAB/ Simulink/ SimPowerSystems

7.3　电路原理

三相桥式半控整流带电阻负载、带电阻电感负载和带电阻电感负载接续流二极管的电路如图 7-1 所示。u_A、u_B 和 u_C 为三相变压器二次侧相电压，u_{AB}、u_{BC} 和 u_{CA} 为变压器二次侧线电压，u_d 为负载电压，i_d 为负载电流，i_{VT1} 为流过晶闸管 VT1 的电流，i_{VD1}、i_{VD2}、i_{VD3} 和 i_{VD4} 分别为流过二极管 VD1、VD2、VD3 和 VD4 的电流，u_{VT1} 为晶闸管 VT1 阳极与阴极间电压，u_{g1}、u_{g2} 和 u_{g3} 分别为晶闸管 VT1、VT2 和 VT3 的触发脉冲电压。

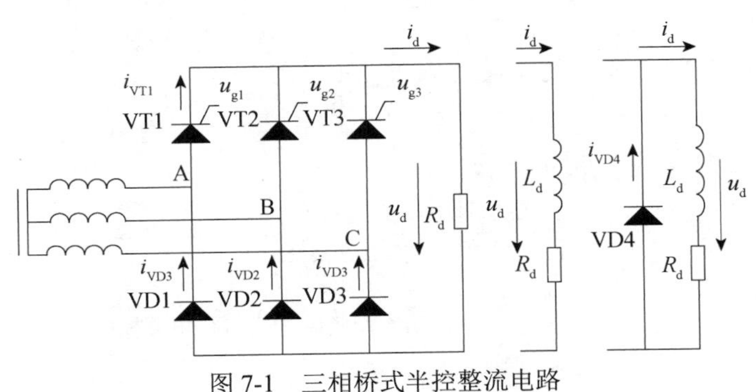

图 7-1　三相桥式半控整流电路

7.4 项目内容

1. 以图 7-1 为原理图，在 Simulink 中分别建立三相桥式半控整流带电阻负载、带电阻电感负载和带电阻电感负载接续流二极管的电路仿真模型并进行仿真。

2. 利用 Simulink 中的示波器模块，显示u_A、u_B、u_C、u_{AB}、u_{BC}、u_{CA}、u_{g1}、u_{g2}、u_{g3}、u_{VT1}、i_{VT1}、i_{VD1}、i_{VD2}、i_{VD3}、i_{VD4}、u_d和i_d的波形并记录。

3. 根据仿真结果分析触发角大小与负载电压波形间的关系。

4. 观察三相桥式半控整流电路带电阻电感负载时，不接续流二极管和接续流二极管输出负载电压的区别，说明续流二极管的作用。

5. 测量、记录负载电压u_d的平均值U_d，与理论值进行比较。

7.5 具体步骤

1. 建立如图 7-2、图 7-3 和图 7-4 所示的三相桥式半控整流带电阻负载、带电阻电感负载和带电阻电感负载接续流二极管的电路模型图，模型中需要的模块及其提取路径如表 7-1 所示。

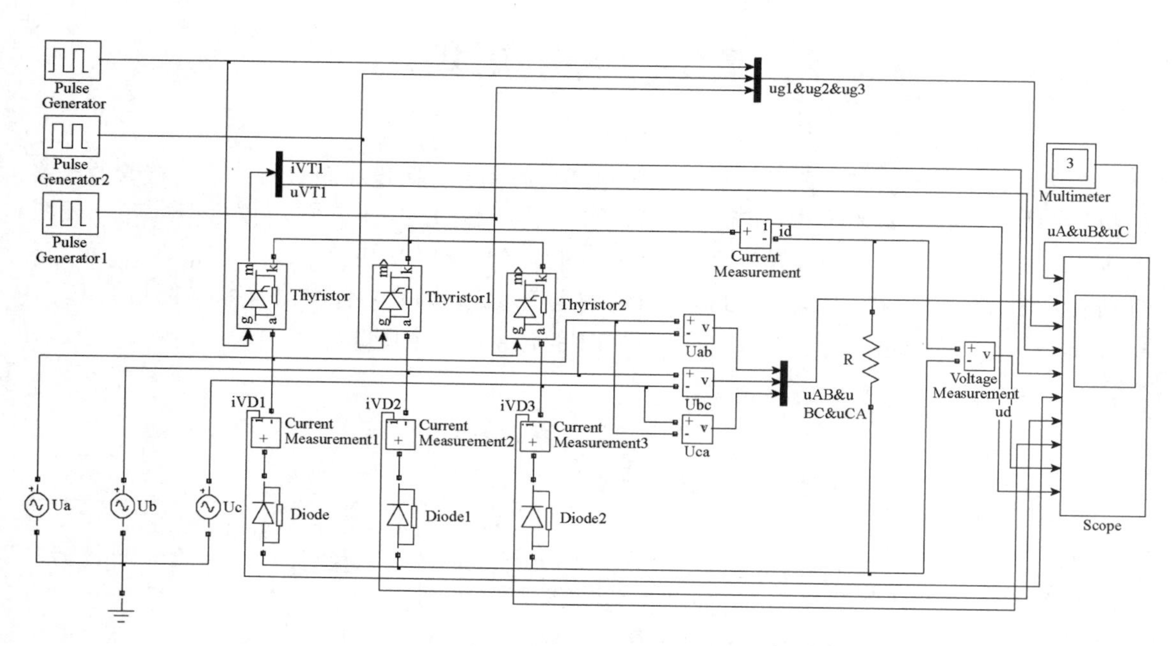

图 7-2 三相桥式半控整流带电阻负载电路仿真模型

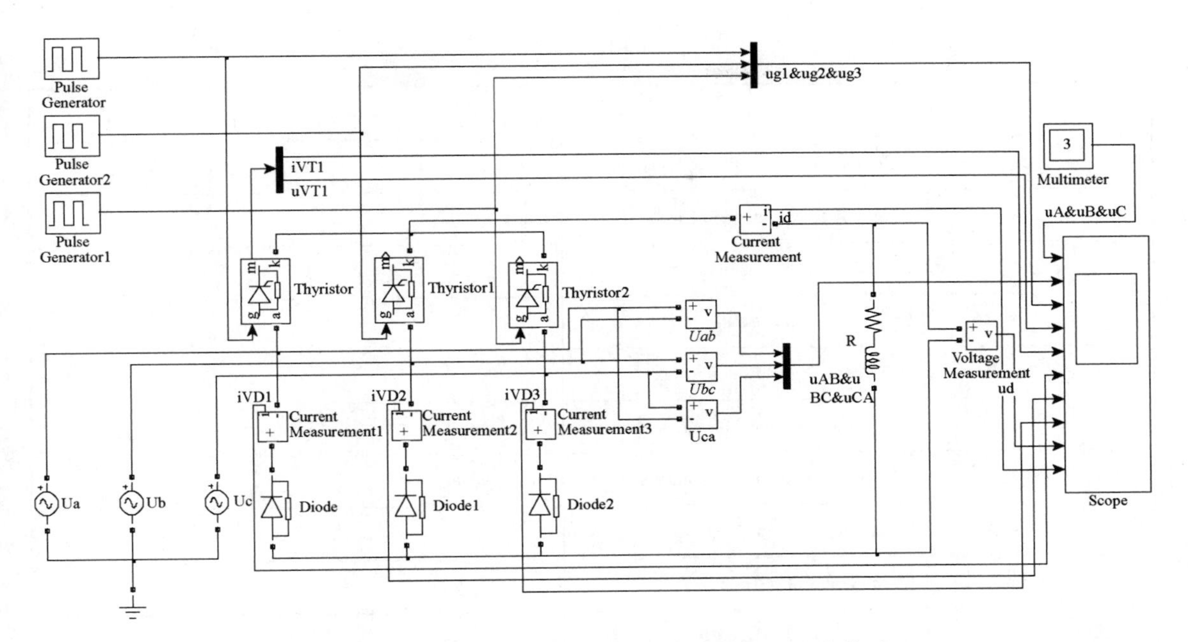

图 7-3　三相桥式半控整流带电阻电感负载电路仿真模型

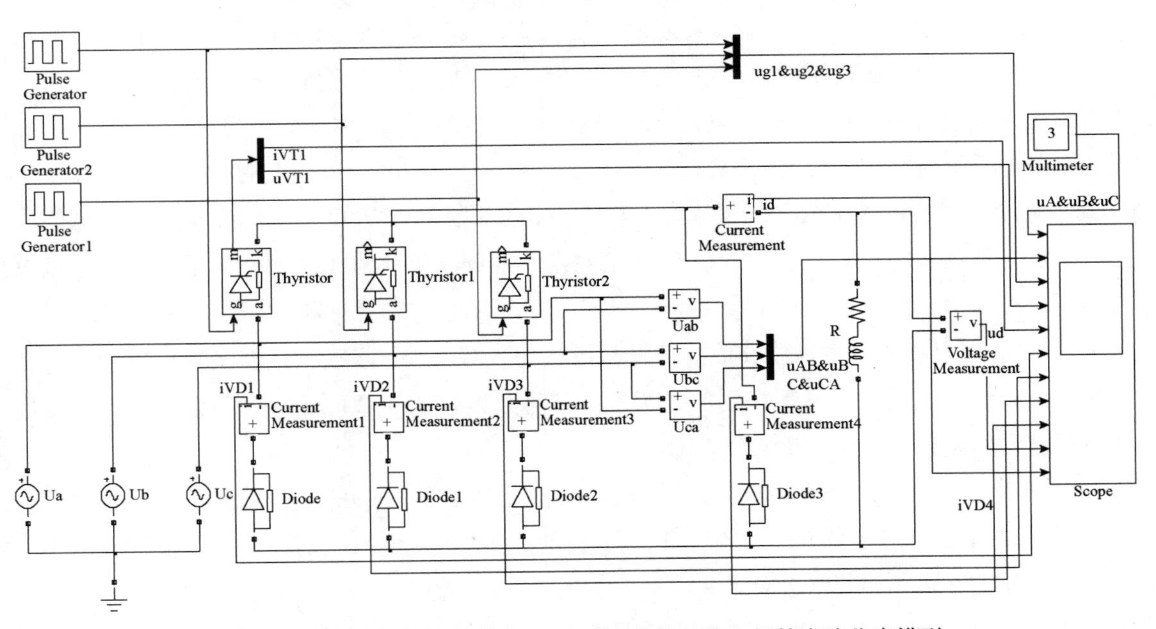

图 7-4　三相桥式半控整流带电阻电感负载接续流二极管电路仿真模型

表 7-1　模块名称及其提取路径

模块名称	提取路径
交流电压源	SimPowerSystems/Electrical Sources/AC Voltage Source
脉冲发生器	Simulink/Sources/Pulse Generator
晶闸管	SimPowerSystems/Power Electronics/Thyristor

续表

模块名称	提取路径
功率二极管	SimPowerSystems/Power Electronics/Diode
负载	SimPowerSystems/Elements/Series RLC Branch
接地端子	SimPowerSystems/Elements/Ground
信号分解器	Simulink/Signal Routing/Demux
信号合成器	Simulink/Signal Routing/Mux
电压表	SimPowerSystems/Measurements/Voltage Measurement
电流表	SimPowerSystems/Measurements/Current Measurement
多路测量器	SimPowerSystems/Measurements/Multimeter
示波器	Simulink/Sinks/Scope

2. 模块参数设置：三个交流电压源的峰值设置为 $220\sqrt{2}$ V，频率设置为 50Hz，A 相初始相位设置为 0 度，B 相初始相位设置为−120 度，C 相初始相位设置为−240 度，且将三个交流电压源参数设置中的测量项由 None 改为 Voltage。图 7-2 中电阻负载设置为 1Ω，图 7-3 和图 7-4 中电阻和电感负载设置为 1Ω和 0.01H。脉冲发生器中电压峰值设置为 3V，周期设置为 0.02s，脉冲宽度设置为 10%，相位延迟则用于设置触发角，设置值可根据公式（3.1）进行计算。注意在本实验中，VT1、VT2 和 VT3 的触发角之间必须相差 120 度，并且在三相整流电路中，自然换流点为触发角的起算点，即脉冲发生器中设置的脉冲相位延迟应为触发角 α 加上 30 度。信号合成器根据需要合成的信号数设置输入端口数。多路测量器参数设置为输出三相交流电源的相电压。晶闸管、功率二极管和信号分解器的参数可保持默认设置。示波器根据需要输出的波形个数设置输入端口数。

3. 仿真参数设置：将开始时间设置为 0，终止时间设置为 0.05，算法设置为 ode23tb。

4. 完成以上步骤后便可以开始仿真，仿真结束后双击示波器观察波形。三相桥式半控整流带电阻负载电路（如图 7-2 所示）在触发角为 30 度、60 度、90 度和 120 度时的仿真波形如图 7-5 所示。三相桥式半控整流带电阻电感负载电路（如图 7-3 所示）在触发角为 30 度、60 度、90 度和 120 度时的仿真波形如图 7-6 所示。三相桥式半控整流带电阻电感负载接续流二极管电路（如图 7-4 所示）在触发角为 30 度、60 度、90 度和 120 度时的仿真波形如图 7-7 所示。

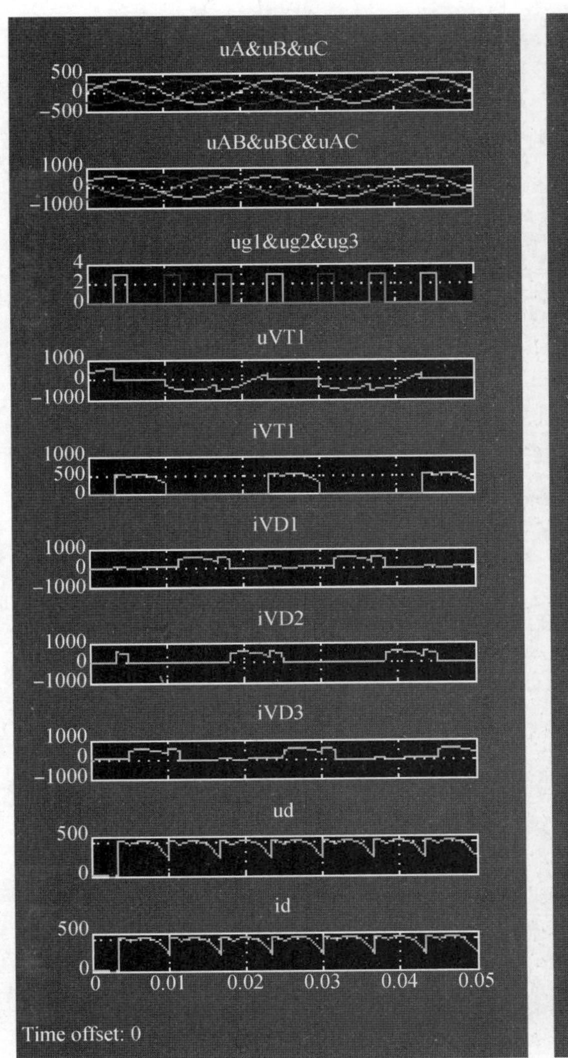

(a) 触发角为30度时的波形

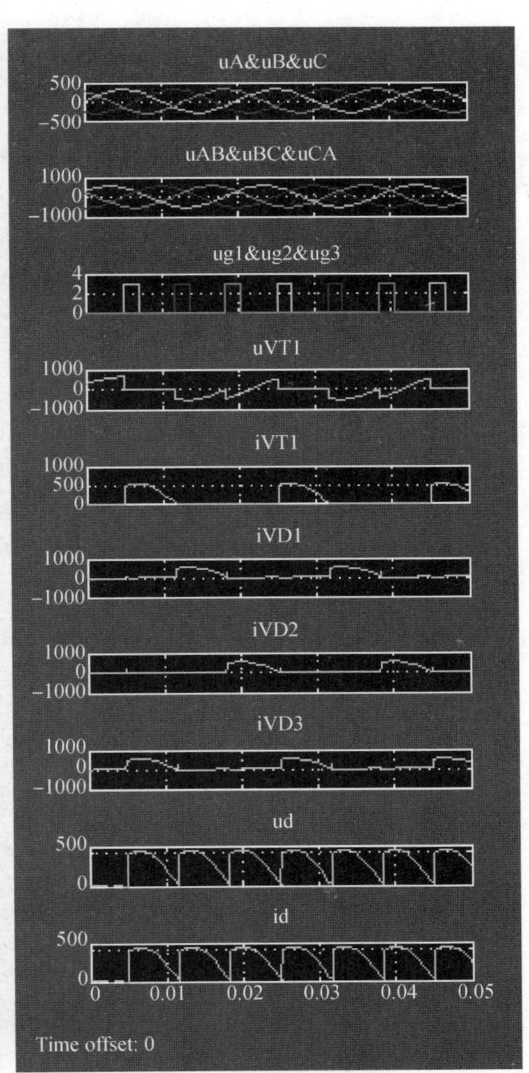

(b) 触发角为60度时的波形

图 7-5　三相桥式半控整流带电阻负载电路仿真波形

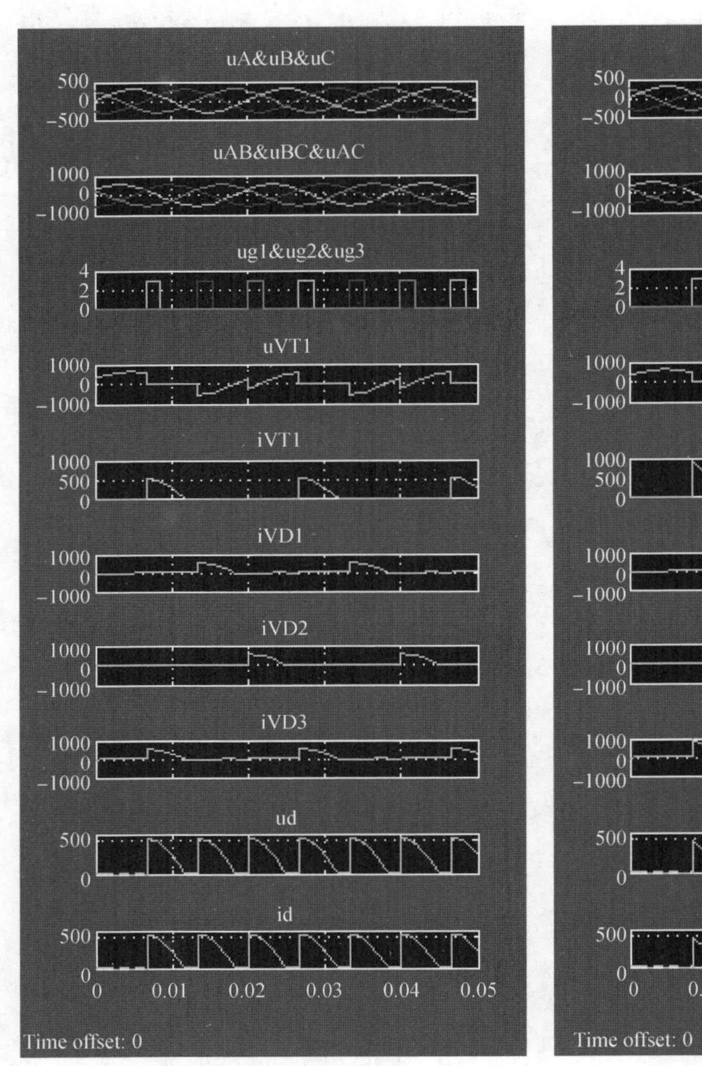

（c）触发角为90度时的波形

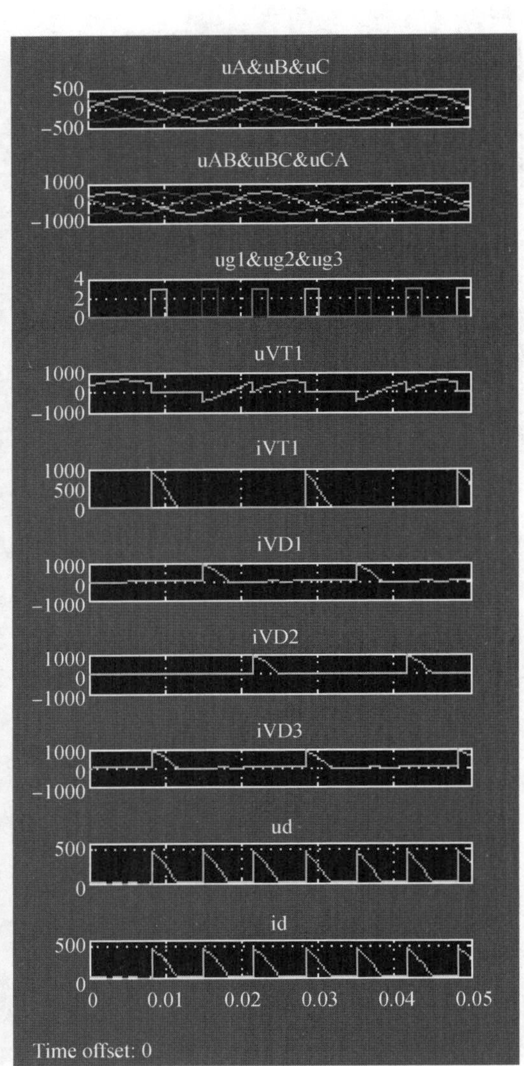

（d）触发角为120度时的波形

图 7-5　三相桥式半控整流带电阻负载电路仿真波形（续）

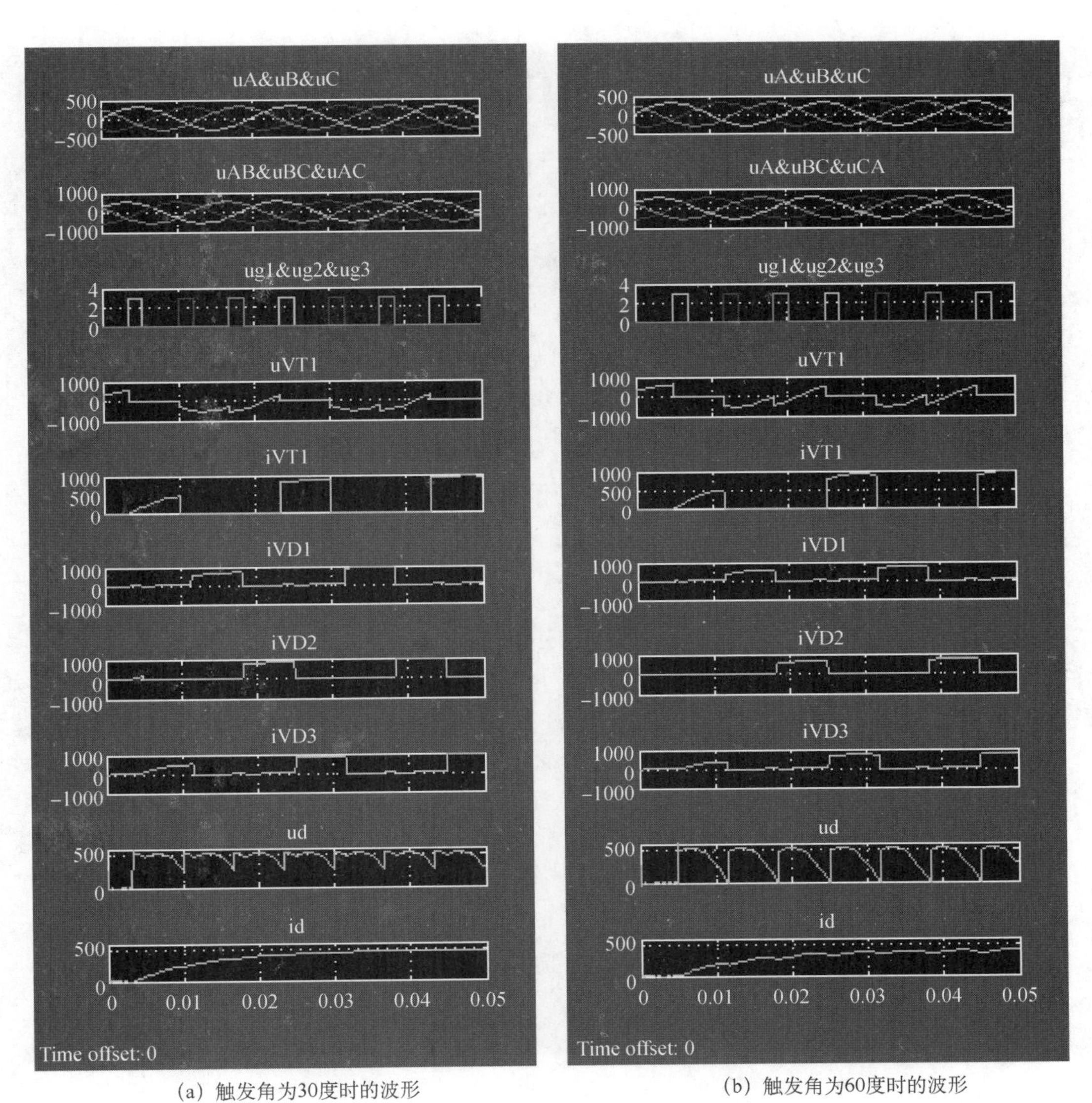

(a) 触发角为30度时的波形　　(b) 触发角为60度时的波形

图 7-6　三相桥式半控整流带电阻电感负载电路仿真波形

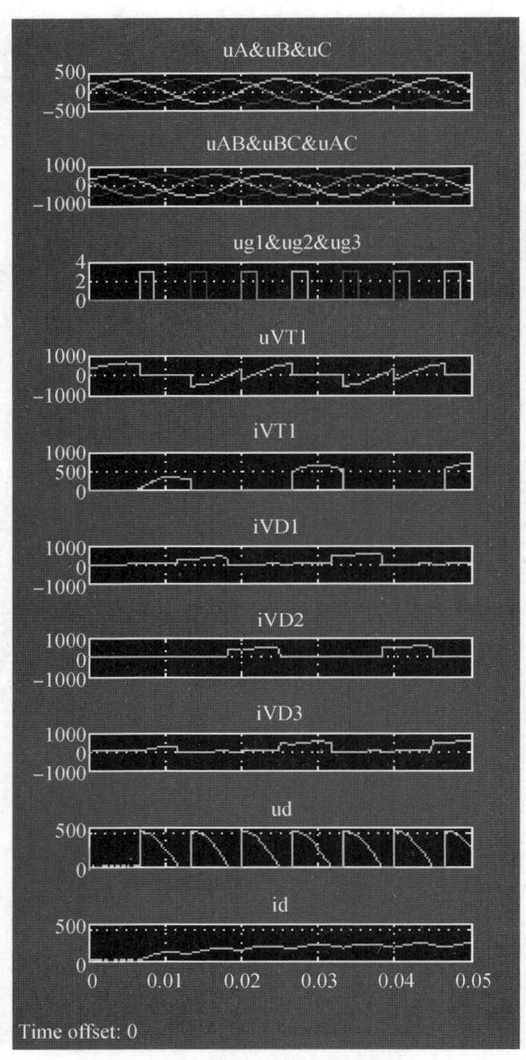

（c）触发角为90度时的波形

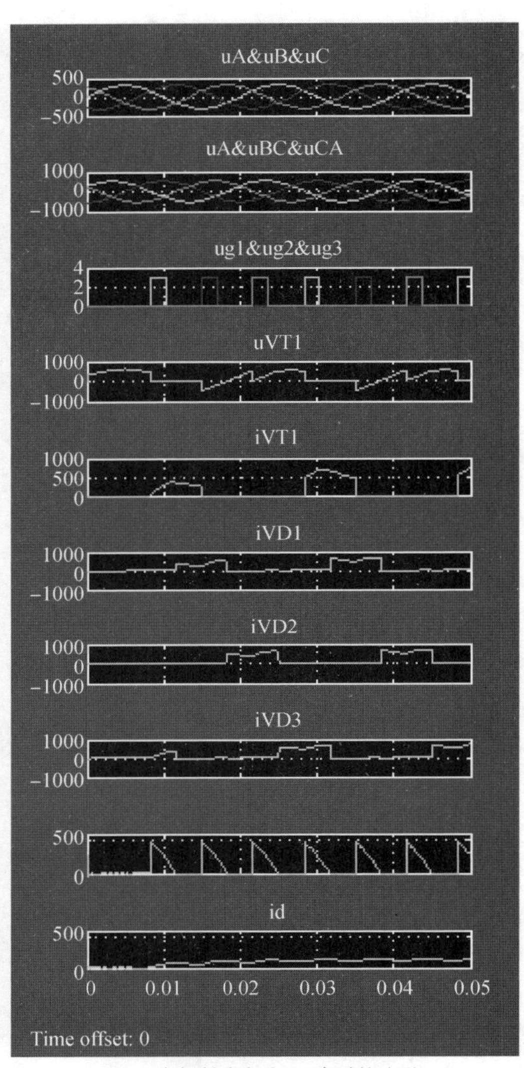

（d）触发角为120度时的波形

图 7-6 三相桥式半控整流带电阻电感负载电路仿真波形（续）

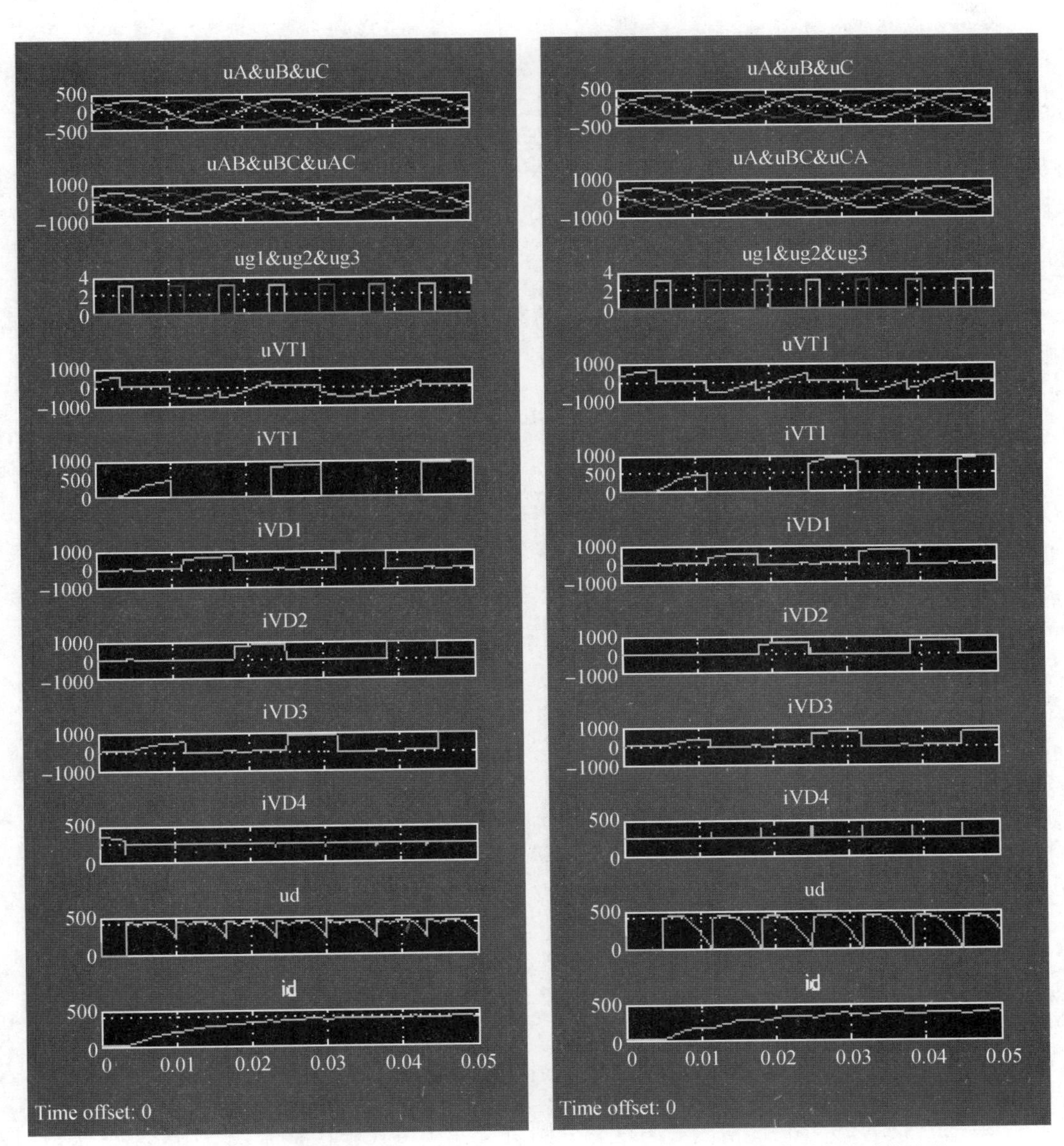

(a) 触发角为30度时的波形　　(b) 触发角为60度时的波形

图 7-7　三相桥式半控整流带电阻电感负载接续流二极管电路仿真波形

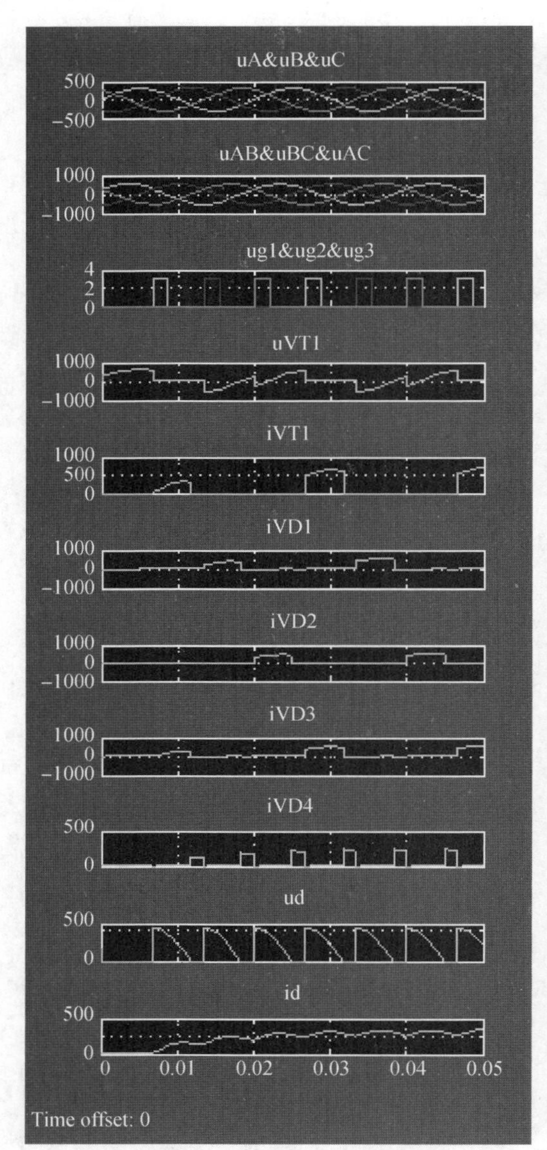

（c）触发角为90度时的波形

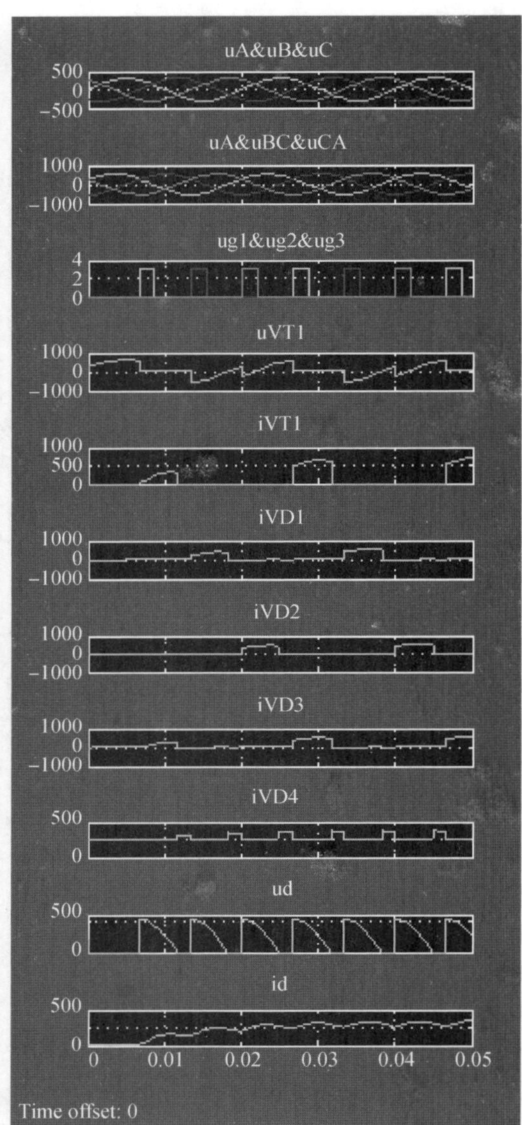

（d）触发角为120度时的波形

图 7-7　三相桥式半控整流带电阻电感负载接续流二极管电路仿真波形（续）

5. 根据附录 A 波形平均值测量方法，分别测量三相桥式半控整流带电阻负载、带电阻电感负载和带电阻电感负载接续流二极管电路的负载电压平均值 U_d，记录于表 7-2、表 7-3 和表 7-4 中，并与 U_d 的理论计算值进行比较。

表 7-2　三相桥式半控整流带电阻负载电路负载电压记录表

触发角 α	30 度	60 度	90 度	120 度
电源电压有效值 U_2 / V				
负载电压 U_d（测量值）/ V				
负载电压 U_d（计算值）/ V				

表 7-3　三相桥式半控整流带电阻电感负载电路负载电压记录表

触发角 α	30 度	60 度	90 度	120 度
电源电压有效值 U_2 / V				
负载电压 U_d（测量值）/ V				
负载电压 U_d（计算值）/ V				

表 7-4　三相桥式半控整流带电阻电感负载接续流二极管电路负载电压记录表

触发角 α	30 度	60 度	90 度	120 度
电源电压有效值 U_2 / V				
负载电压 U_d（测量值）/ V				
负载电压 U_d（计算值）/ V				

7.6　总结分析

1. 根据仿真结果分析三相桥式半控整流电路在带电阻负载、带电阻电感负载及带电阻电感负载接续流二极管时的工作情况。

2. 改变仿真模型中各模块的参数设置和仿真参数，如增大或减小负载的电感量，观察波形的变化，分析波形变化的原因。

3. 观察三相桥式半控整流电路在电阻电感负载和电阻电感负载接续流二极管时，突然将触发角增大到 180 度或者突然切断触发电路时的波形，说明三相桥式半控整流电路在电阻电感负载时仍需接续流二极管的原因。

7.7　实训报告

实训项目名称：　　　　　　　　　　　　　　　　成绩：

实训日期：　　　　　　　　　　　　　　　　　　实训地点：

一、实训目的

二、实训要求

三、实训内容和步骤

四、实训结果与总结分析

指导教师评语：

指导教师签名：

年　　月　　日

项目八　三相桥式全控整流电路

8.1　项目要求

1．掌握三相桥式全控整流电路在带电阻负载和带电阻电感负载时的工作情况。

2．理解触发角大小与负载电压波形间的关系。

项目八.mp4

8.2　仿真工具

MATLAB/ Simulink/ SimPowerSystems

8.3　电路原理

三相桥式全控整流带电阻负载和带电阻电感负载的电路如图 8-1 所示。u_A、u_B 和 u_C 为三相变压器二次侧相电压，u_{AB}、u_{BC} 和 u_{CA} 为变压器二次侧线电压，u_d 为负载电压，i_d 为负载电流，i_A、i_B 和 i_C 分别为三相电源的相电流，u_{g1}~u_{g6} 分别为 6 只晶闸管的触发脉冲电压。

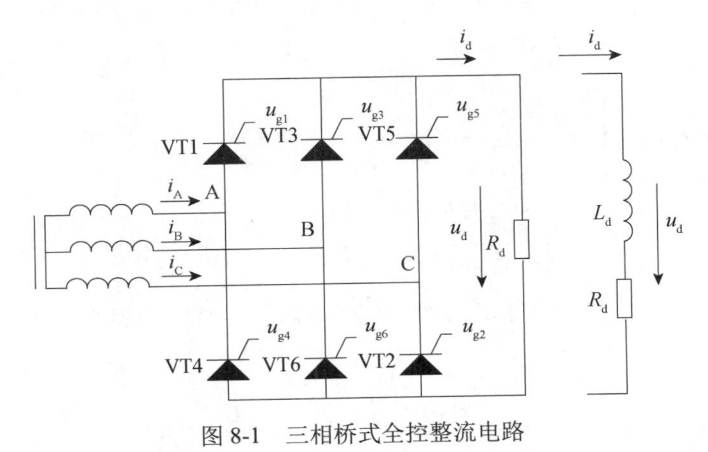

图 8-1　三相桥式全控整流电路

8.4 项目内容

1. 以图 8-1 为原理图，在 Simulink 中分别建立三相桥式全控整流带电阻负载和带电阻电感负载的电路仿真模型并进行仿真。

2. 利用 Simulink 中的示波器模块，显示u_A、u_B、u_C、u_{AB}、u_{BC}、u_{CA}、u_{g1}、u_{g2}、u_{g3}、u_{g4}、u_{g5}、u_{g6}、i_A、i_B、i_C、u_d和i_d的波形并记录。

3. 根据仿真结果分析触发角大小与负载电压波形间的关系。

4. 测量、记录负载电压u_d的平均值U_d，与理论值进行比较。

8.5 具体步骤

1. 建立如图 8-2 和图 8-3 所示的三相桥式全控整流带电阻负载和带电阻电感负载的电路模型图，模型中需要的模块及其提取路径如表 8-1 所示。

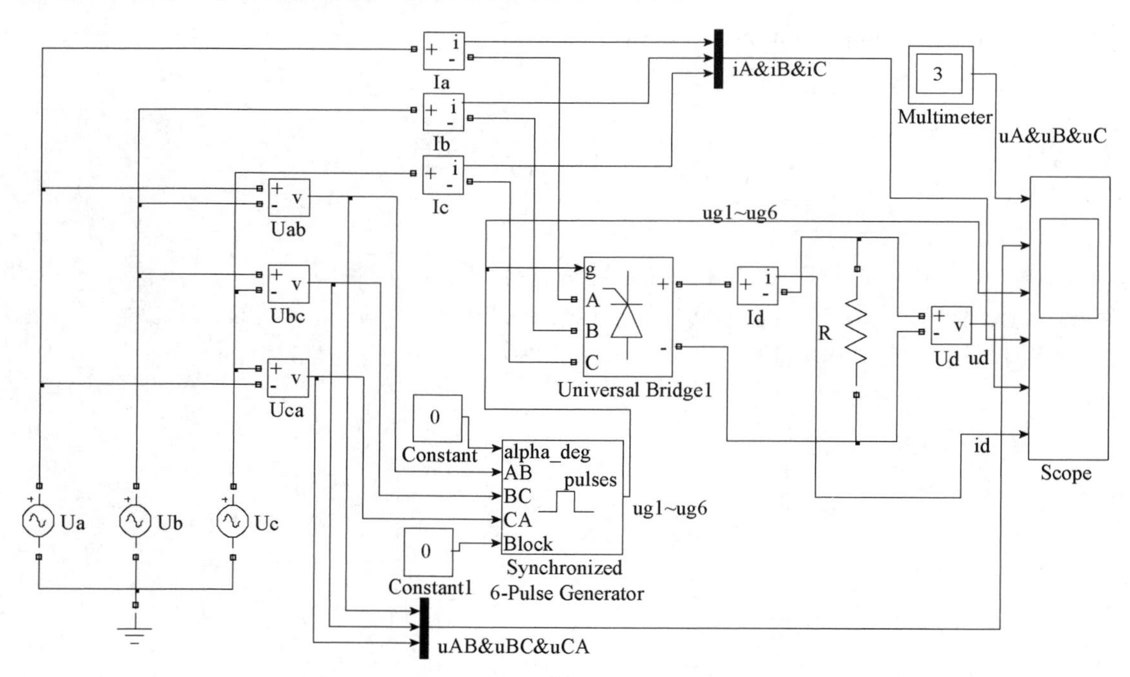

图 8-2　三相桥式全控整流带电阻负载电路仿真模型

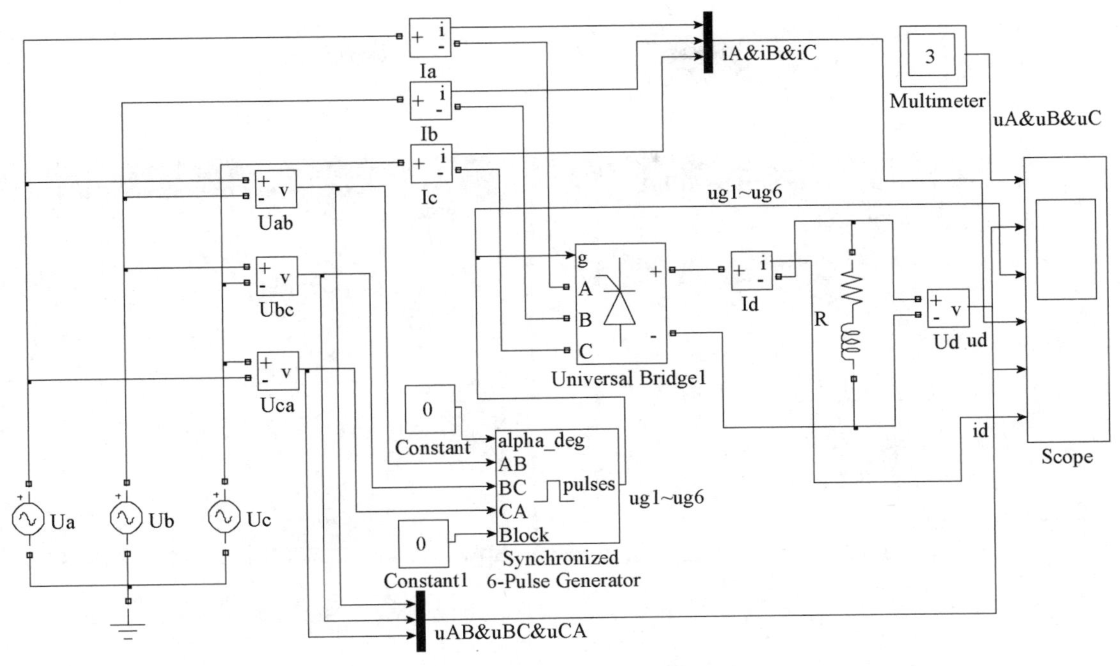

图 8-3　三相桥式全控整流带电阻电感负载电路仿真模型

表 8-1　模块名称及其提取路径

模块名称	提取路径
交流电压源	SimPowerSystems/Electrical Sources/AC Voltage Source
同步 6-脉冲发生器	SimPowerSystems /Extra Library/Control Blocks/synchronized 6-pulse generator
通用变换器桥	SimPowerSystems/Power Electronics/Universal Bridge
常数模块	Simulink/Commonly Used Blocks/Constant
负载	SimPowerSystems/Elements/Series RLC Branch
接地端子	SimPowerSystems/Elements/Ground
信号合成器	Simulink/Signal Routing/Mux
电压表	SimPowerSystems/Measurements/Voltage Measurement
电流表	SimPowerSystems/Measurements/Current Measurement
多路测量器	SimPowerSystems/Measurements/Multimeter
示波器	Simulink/Sinks/Scope

2. 模块参数设置：三个交流电压源的峰值设置为 $220\sqrt{2}$ V，频率设置为 50Hz，A 相初始相位设置为 0 度，B 相初始相位设置为−120 度，C 相初始相位设置为−240 度，且将三个交流电压源参数设置中的测量项由 None 改为 Voltage。图 8-2 中电阻负载设置为 1Ω，图 8-3 中电阻和电感负载设置为 1Ω和 0.01H。该实验的触发脉冲由同步 6-脉冲发生器产生，该模块具有 5 个输入端，其中 AB、BC、CA 是同步线电压输入端，alpha_deg 和 Block 为触发角信号输入端和使能端，使用常数模块进行输入，通过 alpha_deg 输入的即为触发角的大小，Block 使能端输入大于 0 的信号时，触发脉冲即被封锁。同步 6-脉冲发生器和常数模块的参数设置如图 8-4 和图 8-5（输出常数为 0 时）所示。通用变换器桥模块有 4 个输入端，A、B 和 C 为三相交流电源相电压输入端，g 为触发脉冲输入端，其参数设置如图 8-6 所示。信号合成器根据需

要合成的信号数设置输入端口数。多路测量器参数设置为输出三相交流电源的相电压。示波器根据需要输出的波形个数设置输入端口数。

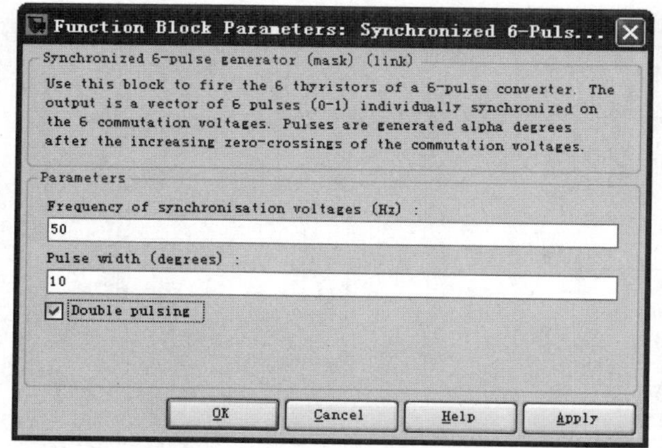

图 8-4　同步 6-脉冲发生器参数设置

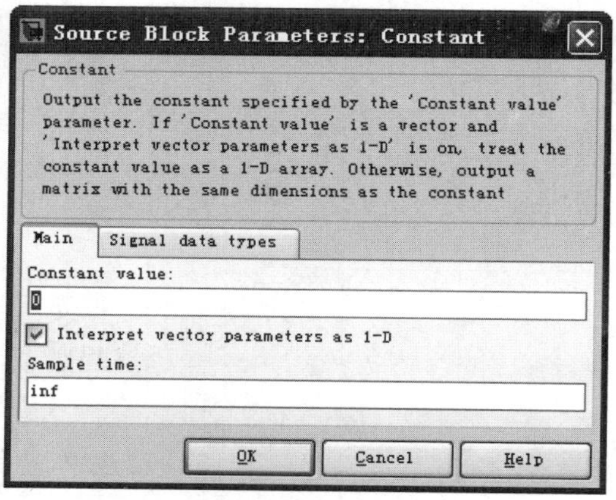

图 8-5　常数模块参数设置

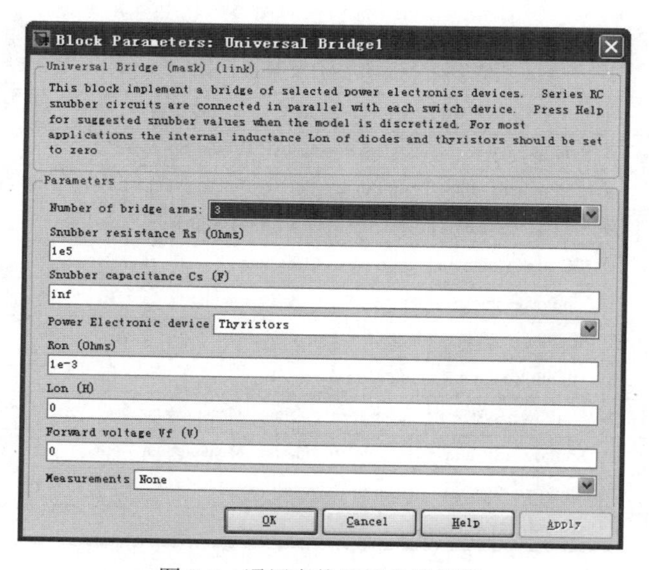

图 8-6　通用变换器桥参数设置

3. 仿真参数设置：将开始时间设置为 0，终止时间设置为 0.05，算法设置为 ode23tb。

4. 完成以上步骤后便可以开始仿真，仿真结束后双击示波器观察波形。三相桥式全控整流带电阻负载电路（如图 8-2 所示）在触发角为 0 度、30 度、60 度和 90 度时的仿真波形如图 8-7 所示。三相桥式全控整流带电阻电感负载电路（如图 8-3 所示）在触发角为 0 度、30 度、60 度和 90 度时的仿真波形如图 8-8 所示。

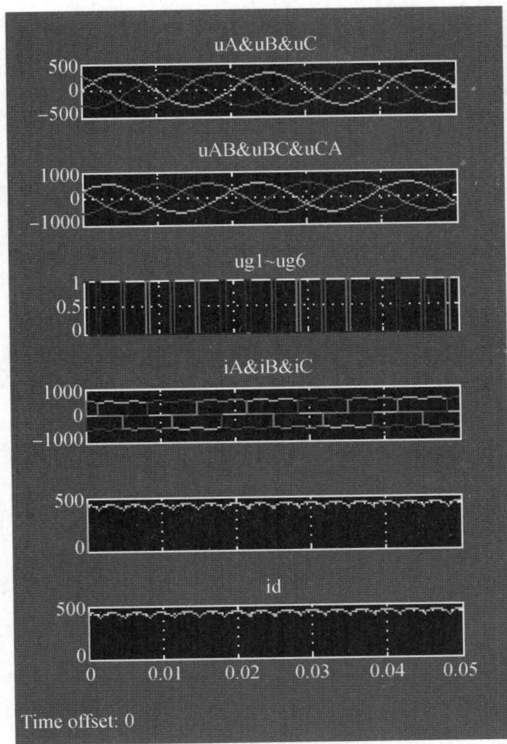

(a) 触发角为0度时的波形

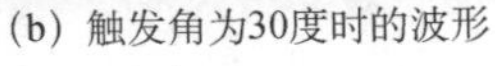

(b) 触发角为30度时的波形

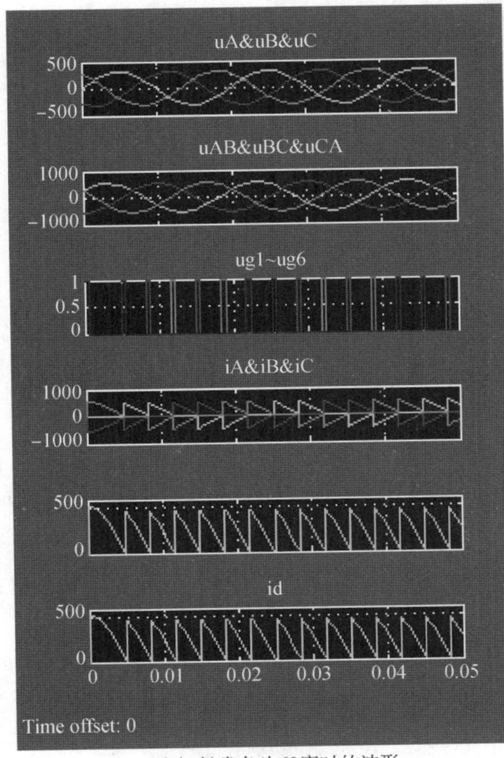

(c) 触发角为60度时的波形

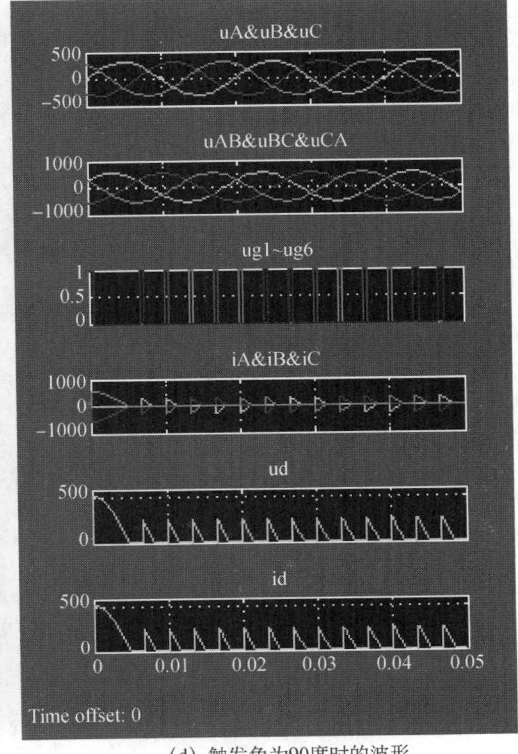

(d) 触发角为90度时的波形

图 8-7　三相桥式全控整流带电阻负载电路仿真波形

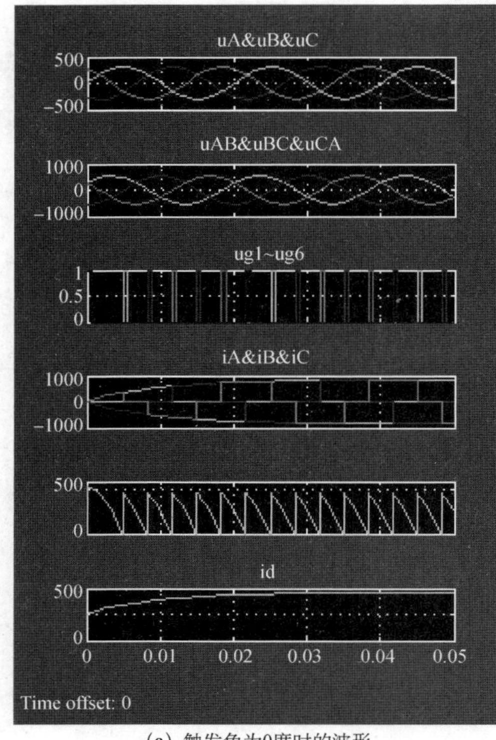

(a) 触发角为0度时的波形

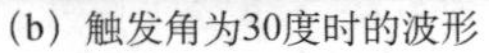

(b) 触发角为30度时的波形

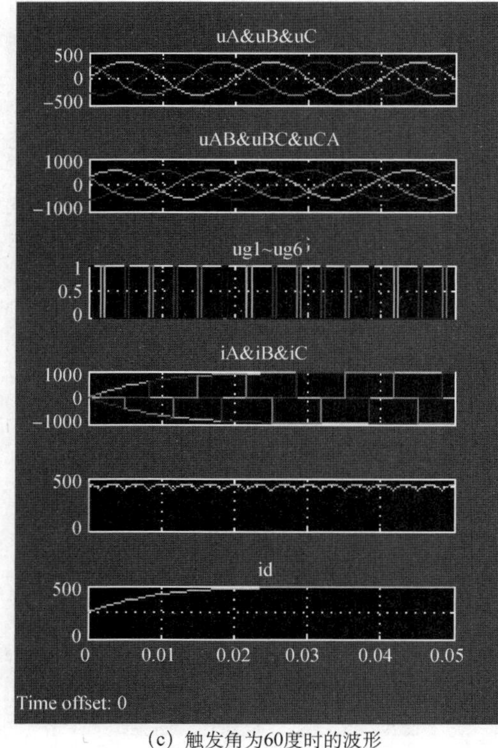

(c) 触发角为60度时的波形

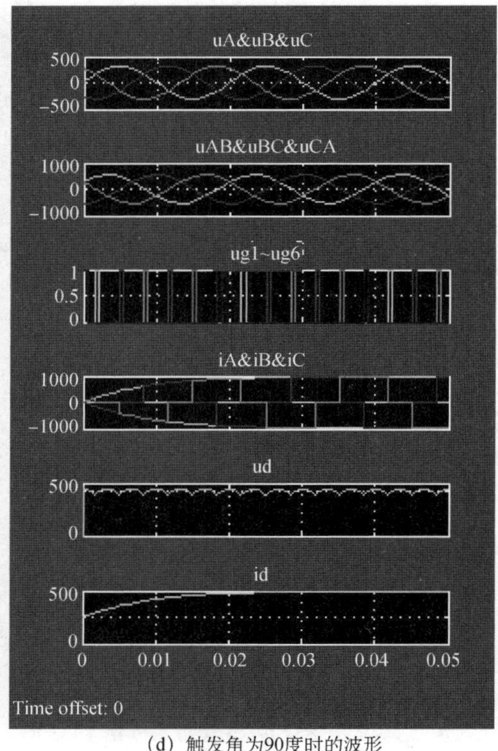

(d) 触发角为90度时的波形

图 8-8　三相桥式全控整流带电阻电感负载电路仿真波形

5. 根据附录 A 波形平均值测量方法，分别测量三相桥式全控整流带电阻负载和带电阻电感负载电路的负载电压平均值 U_d，记录于表 8-2 和表 8-3 中，并与 U_d 的理论计算值进行比较。

表 8-2　三相桥式全控整流带电阻负载电路负载电压记录表

触发角 α	0 度	30 度	60 度	90 度
电源电压有效值 U_2 / V				
负载电压 U_d（测量值）/ V				
负载电压 U_d（计算值）/ V				

表 8-3 三相桥式全控整流带电阻电感负载电路负载电压记录表

触发角 α	0 度	30 度	60 度	90 度
电源电压有效值 U_2 / V				
负载电压 U_d（测量值）/ V				
负载电压 U_d（计算值）/ V				

8.6　总结分析

1. 根据仿真结果分析三相桥式全控整流电路在电阻负载和电阻电感负载时的工作情况。

2. 改变仿真模型中各模块的参数设置和仿真参数，如增大或减小负载的电感量，观察波形的变化，分析波形变化的原因。

8.7　实训报告

实训项目名称：　　　　　　　　　　　　　　　　　　成绩：

实训日期：　　　　　　　　　　　　　　　　　　　实训地点：

一、实训目的

二、实训要求

三、实训内容和步骤

四、实训结果与总结分析

指导教师评语：

指导教师签名：

年　　月　　日

项目九　单相全控桥有源逆变电路

9.1　项目要求

项目九.mp4

1. 掌握单相全控桥有源逆变电路的工作情况。
2. 理解逆变角大小与负载电压波形间的关系。

9.2　仿真工具

MATLAB/ Simulink/ SimPowerSystems

9.3　电路原理

单相全控桥有源逆变电路如图 9-1 所示。u_2 为变压器二次侧电压，u_d 为负载电压，i_d 为负载电流，i_{VT1} 和 i_{VT2} 分别为流过晶闸管 VT1 和 VT2 的电流，u_{VT1} 和 u_{VT2} 分别为晶闸管 VT1 和 VT2 的阳极与阴极间电压，u_{g1} 和 u_{g2} 分别为晶闸管 VT1 和 VT2 的触发脉冲电压，E 为提供逆变能量的直流电源。

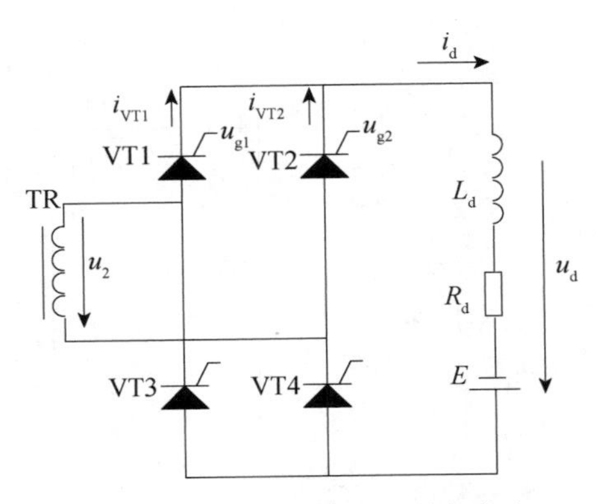

图 9-1　单相全控桥有源逆变电路

9.4 项目内容

1. 以图 9-1 为原理图，在 Simulink 中建立单相全控桥有源逆变电路仿真模型并进行仿真。

2. 利用 Simulink 中的示波器模块，显示u_2、u_{g1}、u_{g2}、u_{VT1}、u_{VT2}、i_{VT1}、i_{VT2}、u_d和i_d的波形并记录。

3. 根据仿真结果分析逆变角大小与负载电压波形间的关系。

4. 测量、记录负载电压u_d的平均值U_d，与理论值进行比较。

9.5 具体步骤

1. 建立如图 9-2 所示的单相全控桥有源逆变电路模型图，模型中需要的模块及其提取路径如表 9-1 所示。

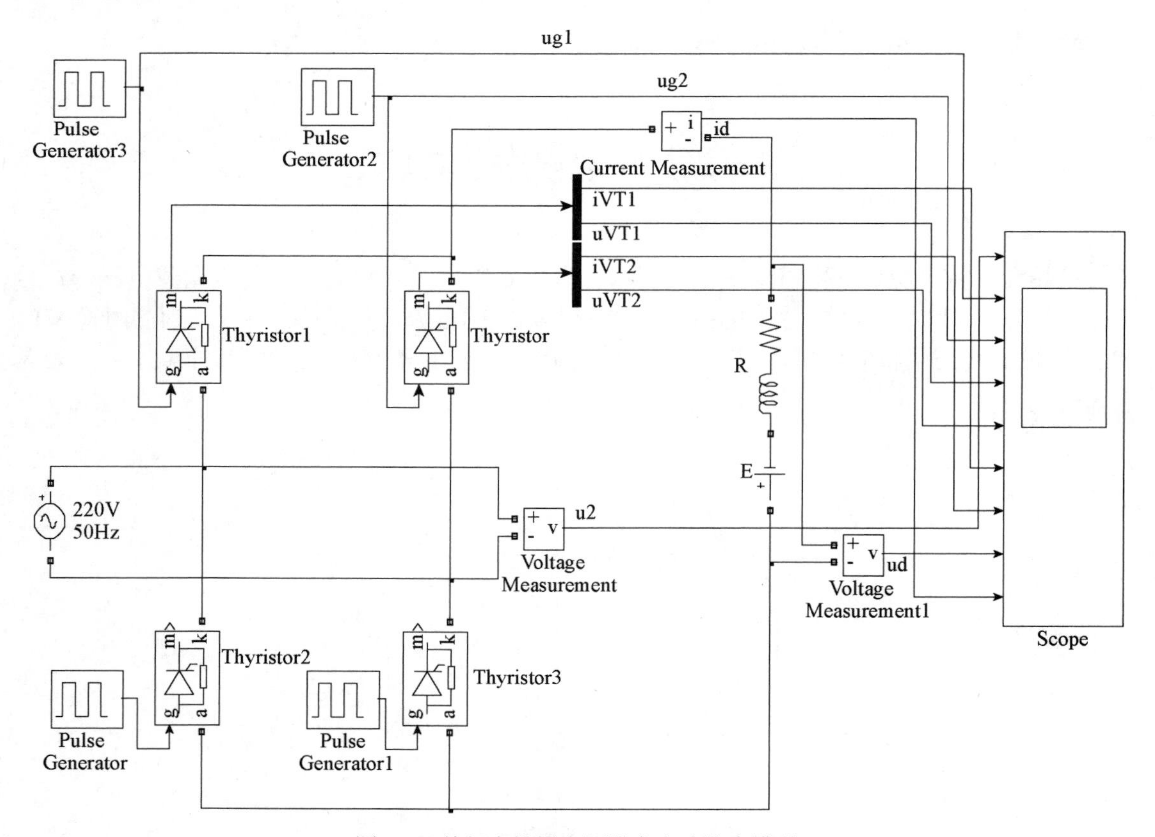

图 9-2　单相全控桥有源逆变电路仿真模型

表 9-1　模块名称及其提取路径

模块名称	提取路径
交流电压源	SimPowerSystems/Electrical Sources/AC Voltage Source
直流电压源	SimPowerSystems/Electrical Sources/DC Voltage Source
脉冲发生器	Simulink/Sources/Pulse Generator
晶闸管	SimPowerSystems/Power Electronics/Thyristor
负载	SimPowerSystems/Elements/Series RLC Branch
信号分解器	Simulink/Signal Routing/Demux
电压表	SimPowerSystems/Measurements/Voltage Measurement
电流表	SimPowerSystems/Measurements/Current Measurement
示波器	Simulink/Sinks/Scope

2. 模块参数设置：交流电压源中峰值设置为 $220\sqrt{2}$ V，频率设置为 50Hz。直流电压源的参数设置如图 9-3 所示。电阻和电感负载设置为 1Ω和 0.01H。脉冲发生器中电压峰值设置为 3V，周期设置为 0.02s，脉冲宽度设置为 10%，相位延迟则用于设置触发角，而本实验中的逆变角等于 180 度减去触发角，设置值可根据公式（3.1）进行计算。注意在本实验中，VT1 和 VT4 的触发角必须相同，VT2 和 VT3 的触发角必须相同，且它们之间相差 180 度。晶闸管和信号分解器的参数可保持默认设置。示波器根据需要输出的波形个数设置输入端口数。

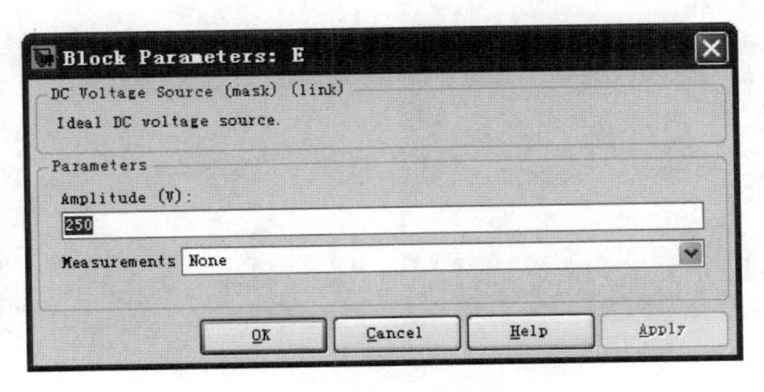

图 9-3　直流电压源参数设置

3. 仿真参数设置：将开始时间设置为 0，终止时间设置为 0.1，算法设置为 ode23tb。

4. 完成以上步骤后便可以开始仿真，仿真结束后双击示波器观察波形。单相全控桥有源逆变电路在逆变角为 30 度、45 度、60 度和 90 度时的仿真波形如图 9-4 所示。

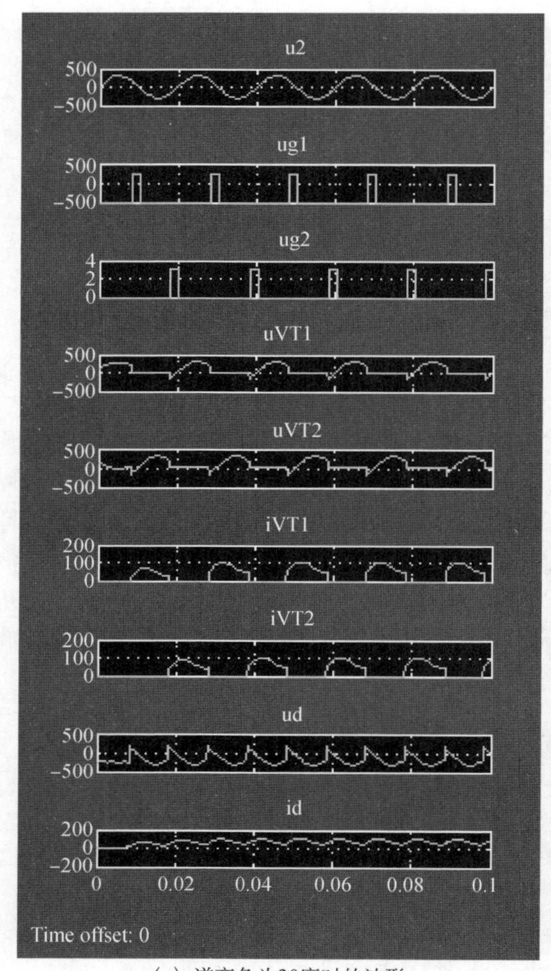

（a）逆变角为30度时的波形

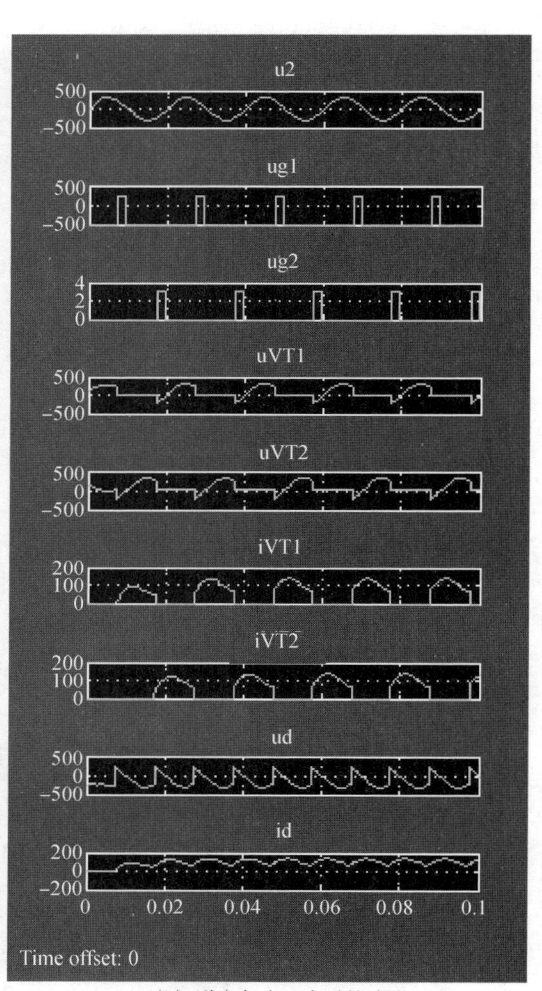

（b）逆变角为45度时的波形

图 9-4　单相全控桥有源逆变电路仿真波形

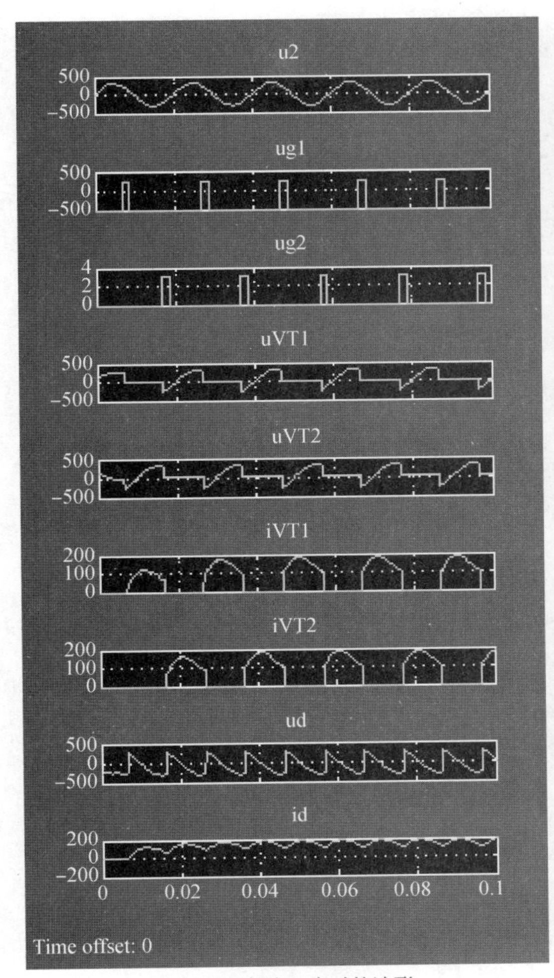

（c）逆变角为60度时的波形

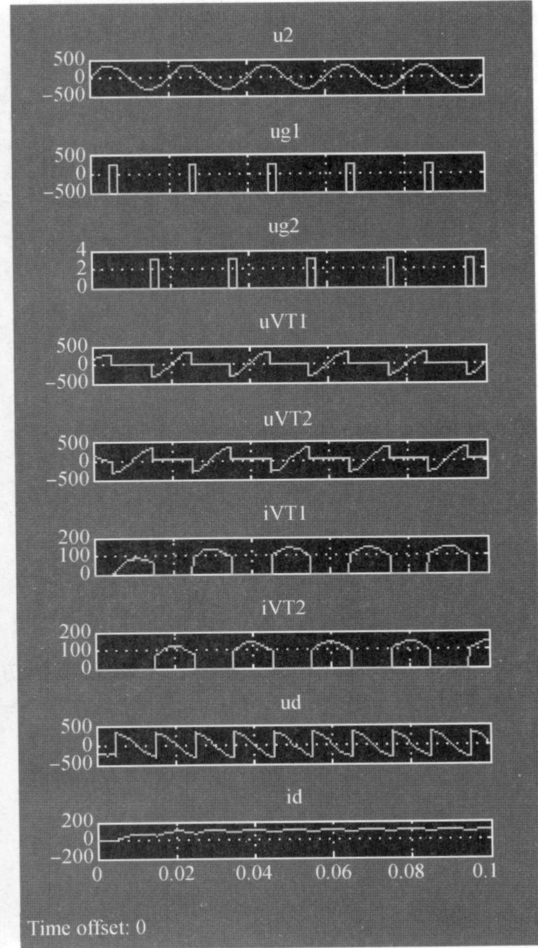

（d）逆变角为90度时的波形

图 9-4　单相全控桥有源逆变电路仿真波形（续）

5. 根据附录 A 波形平均值测量方法，测量单相全控桥有源逆变电路的负载电压平均值 U_d，记录于表 9-2 中，并与 U_d 的理论计算值进行比较。

表 9-2　单相全控桥有源逆变电路负载电压记录表

触发角 β	30 度	45 度	60 度	90 度
电源电压有效值 U_2 / V				
负载电压 U_d（测量值）/ V				
负载电压 U_d（计算值）/ V				

9.6 总结分析

1. 根据仿真结果分析单相全控桥有源逆变电路的工作情况。

2. 改变仿真模型中各模块的参数设置和仿真参数，如增大或减小直流电压源的大小，观察波形的变化，分析波形变化的原因。

9.7　实训报告

实训项目名称：　　　　　　　　　　　　　　　　成绩：

实训日期：　　　　　　　　　　　　　　　　　　实训地点：

一、实训目的

二、实训要求

三、实训内容和步骤

四、实训结果与总结分析

指导教师评语：

指导教师签名：

年　　月　　日

项目十　三相半波有源逆变电路

10.1　项目要求

1. 掌握三相半波有源逆变电路的工作情况。
2. 理解逆变角大小与负载电压波形间的关系。

10.2　仿真工具

MATLAB/ Simulink/ SimPowerSystems

10.3　电路原理

三相半波有源逆变电路如图 10-1 所示。u_A、u_B、u_C 分别为 A、B、C 三相的电压，u_d 为负载电压，i_d 为负载电流，i_{VT1}、i_{VT2} 和 i_{VT3} 分别为流过晶闸管 VT1、VT2 和 VT3 的电流，u_{VT1}、u_{VT2} 和 u_{VT3} 为分别为晶闸管 VT1、VT2 和 VT3 的阳极与阴极间电压，u_{g1}、u_{g2}、u_{g3} 分别为晶闸管 VT1、 VT2 和 VT3 的触发脉冲电压，E 为提供逆变能量的直流电源。

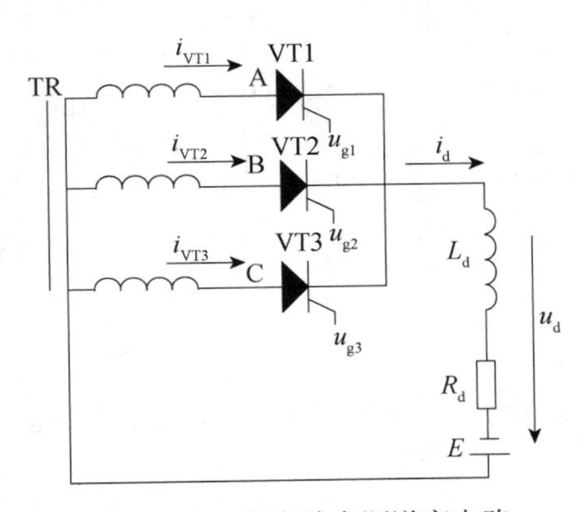

图 10-1　三相半波有源逆变电路

10.4 项目内容

1. 以图 10-1 为原理图，在 Simulink 中建立三相半波有源逆变电路仿真模型并进行仿真。

2. 利用 Simulink 中的示波器模块，显示u_A、u_B、u_C、u_{g1}、u_{g2}、u_{g3}、u_{VT1}、u_{VT2}、u_{VT3}、i_{VT1}、i_{VT2}、i_{VT3}、u_d和i_d的波形并记录。

3. 根据仿真结果分析逆变角大小与负载电压波形间的关系。

4. 测量、记录负载电压u_d的平均值U_d，与理论值进行比较。

10.5 具体步骤

1. 建立如图 10-2 所示的三相半波有源逆变电路模型图，模型中需要的模块及其提取路径如表 10-1 所示。

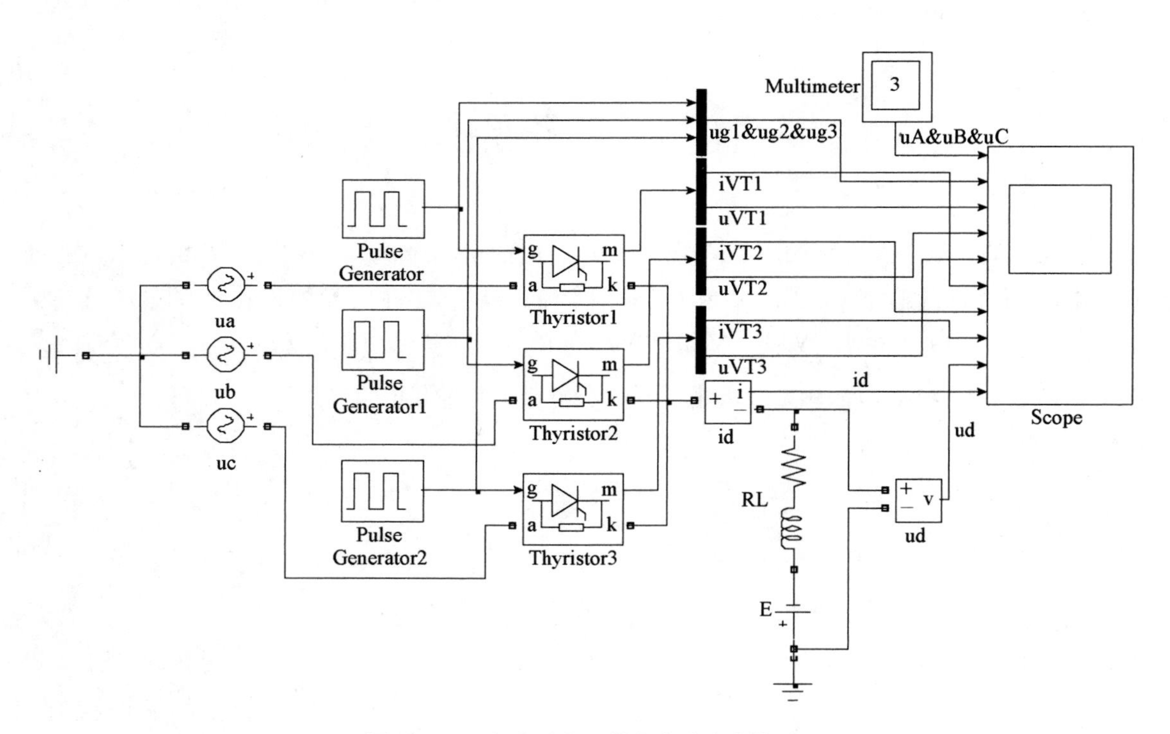

图 10-2　三相半波有源逆变电路仿真模型

表 10-1　模块名称及其提取路径

模块名称	提取路径
交流电压源	SimPowerSystems/Electrical Sources/AC Voltage Source
直流电压源	SimPowerSystems/Electrical Sources/DC Voltage Source
脉冲发生器	Simulink/Sources/Pulse Generator
晶闸管	SimPowerSystems/Power Electronics/Thyristor
负载	SimPowerSystems/Elements/Series RLC Branch
接地端子	SimPowerSystems/Elements/Ground
信号分解器	Simulink/Signal Routing/Demux
信号合成器	Simulink/Signal Routing/Mux
电压表	SimPowerSystems/Measurements/Voltage Measurement
电流表	SimPowerSystems/Measurements/Current Measurement
多路测量器	SimPowerSystems/Measurements/ Multimeter
示波器	Simulink/Sinks/Scope

2. 模块参数设置：三个交流电压源的峰值设置为 $220\sqrt{2}$ V，频率设置为 50Hz，A 相初始相位设置为 0 度，B 相初始相位设置为−120 度，C 相初始相位设置为−240 度，且将三个交流电压源参数设置中的测量项由 None 改为 Voltage。直流电压源的幅值设置为 300V。电阻和电感负载设置为 1Ω和 0.01H。脉冲发生器中电压峰值设置为 3V，周期设置为 0.02s，脉冲宽度设置为 10%，相位延迟则用于设置触发角，而逆变角等于 180 度减去触发角，设置值可根据公式（3.1）进行计算。注意在本实验中，VT1、VT2 和 VT3 的触发角之间必须相差 120 度，并且在三相整流电路中，自然换流点为触发角的起算点。信号合成器根据需要合成的信号数设置输入端口数。多路测量器参数设置为输出三相交流电源的相电压。晶闸管和信号分解器的参数可保持默认设置。示波器根据需要输出的波形个数设置输入端口数。

3. 仿真参数设置：将开始时间设置为 0，终止时间设置为 0.05，算法设置为 ode23tb。

4. 完成以上步骤后便可以开始仿真，仿真结束后双击示波器观察波形。三相半波有源逆变电路在逆变角为 30 度、45 度、60 度和 90 度时的仿真波形如图 10-3 所示。

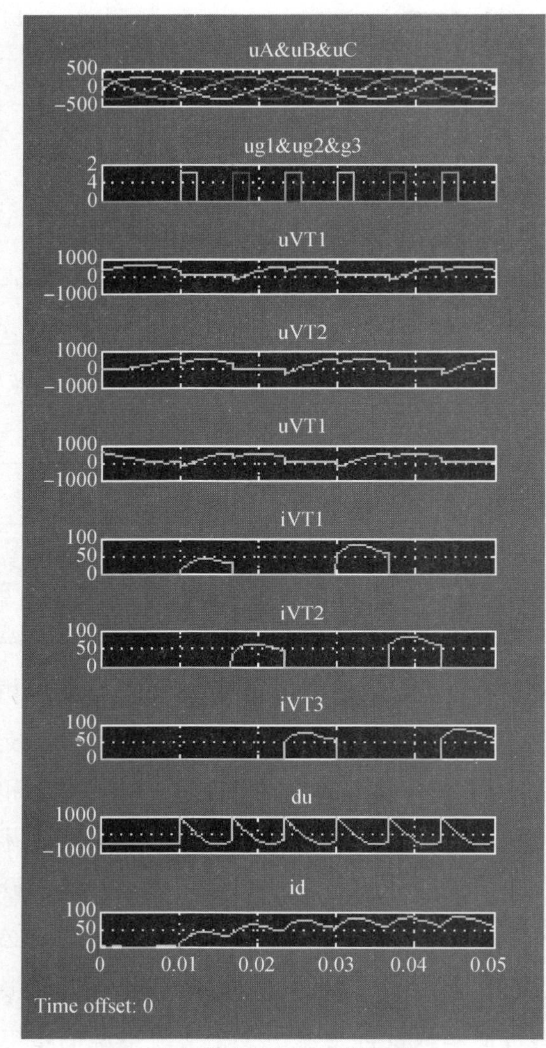

(a) 逆变角为30度时的波形

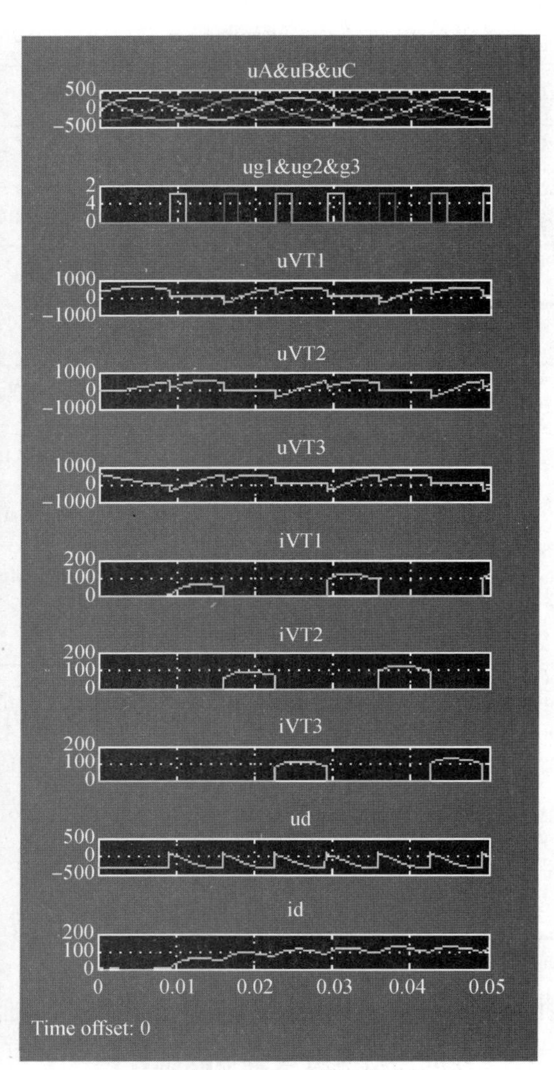

(b) 逆变角为45度时的波形

图 10-3　三相半波有源逆变电路仿真波形

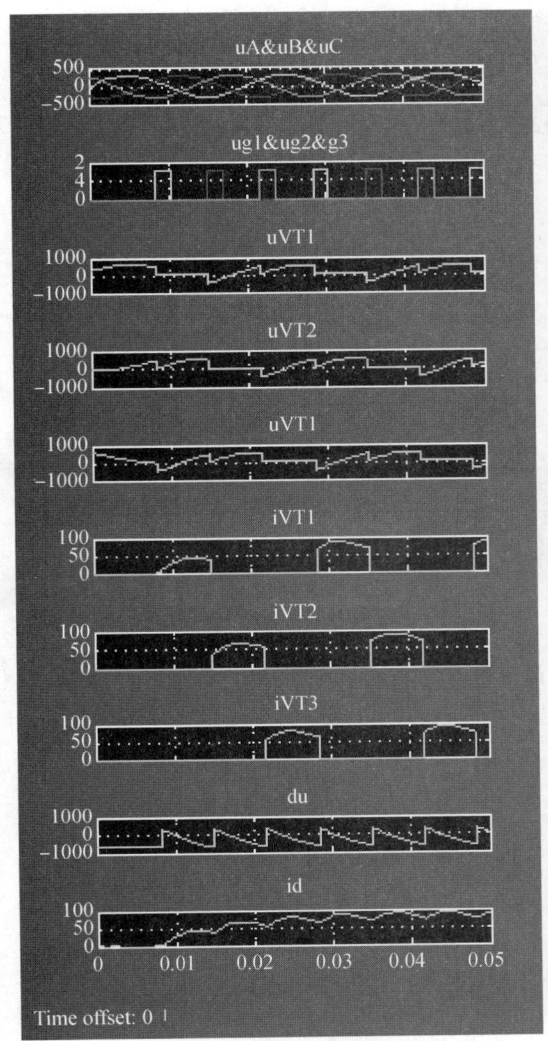

（c）逆变角为60度时的波形

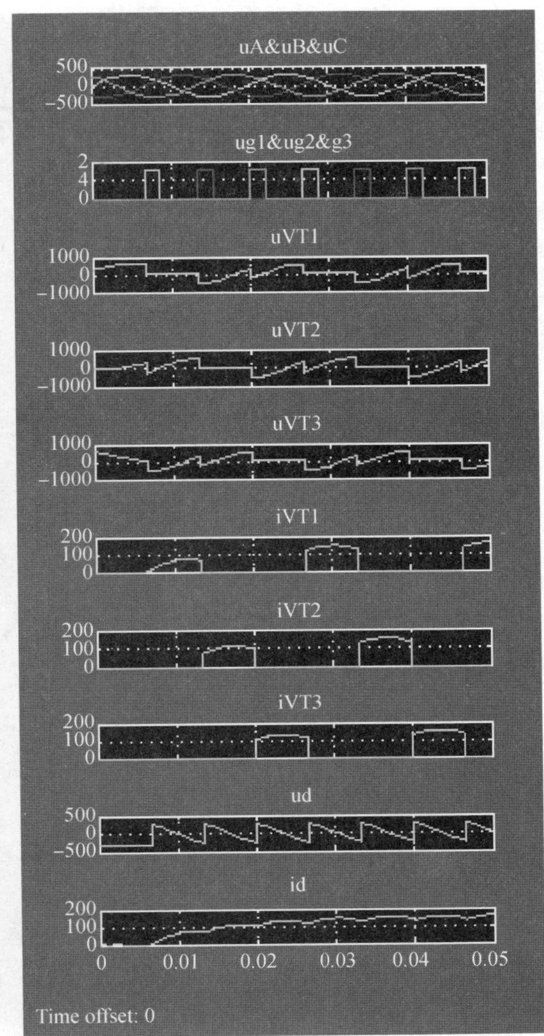

（d）逆变角为90度时的波形

图 10-3　三相半波有源逆变电路仿真波形（续）

5. 根据附录 A 波形平均值测量方法，测量三相半波有源逆变电路的负载电压平均值 U_d，记录于表 10-2 中，并与 U_d 的理论计算值进行比较。

表 10-2　三相半波有源逆变电路负载电压记录表

触发角 β	30 度	45 度	60 度	90 度
电源电压有效值 U_2 / V				
负载电压 U_d（测量值）				
负载电压 U_d（计算值）				

10.6 总结分析

1. 根据仿真结果分析三相半波有源逆变电路的工作情况。

2. 改变仿真模型中各模块的参数设置和仿真参数，如增大或减小直流电压源的大小，观察波形的变化，分析波形变化的原因。

10.7　实训报告

实训项目名称：　　　　　　　　　　　　　　　　　　成绩：

实训日期：　　　　　　　　　　　　　　　　　　　实训地点：

一、实训目的

二、实训要求

三、实训内容和步骤

四、实训结果与总结分析

指导教师评语：

指导教师签名：

年 月 日

项目十一　三相全控桥有源逆变电路

11.1　项目要求

项目十一.mp4

1. 掌握三相全控桥有源逆变电路的工作情况。
2. 理解逆变角大小与负载电压波形间的关系。

11.2　仿真工具

MATLAB/ Simulink/ SimPowerSystems

11.3　电路原理

三相全控桥有源逆变电路如图 11-1 所示。u_A、u_B 和 u_C 为三相变压器二次侧相电压，u_{AB}、u_{BC} 和 u_{CA} 为变压器二次侧线电压，u_d 为负载电压，i_d 为负载电流，i_A、i_B 和 i_C 分别为三相电源的相电流，u_{g1} ~ u_{g6} 分别为 6 只晶闸管的触发脉冲电压，E 为提供逆变能量的直流电源。

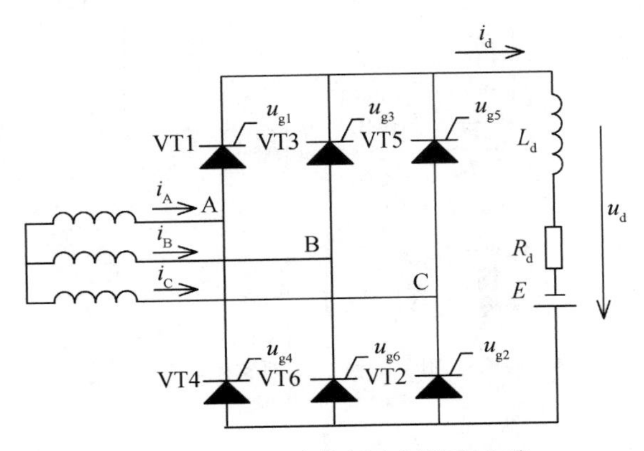

图 11-1　三相全控桥有源逆变电路

11.4 项目内容

1. 以图11-1为原理图，在Simulink中建立三相全控桥有源逆变电路仿真模型并进行仿真。

2. 利用Simulink中的示波器模块，显示u_A、u_B、u_C、u_{AB}、u_{BC}、u_{CA}、u_{g1}、u_{g2}、u_{g3}、u_{g4}、u_{g5}、u_{g6}、i_A、i_B、i_C、u_d和i_d的波形并记录。

3. 根据仿真结果分析逆变角大小与负载电压波形间的关系。

4. 测量、记录负载电压u_d的平均值U_d，与理论值进行比较。

11.5 具体步骤

1. 建立如图11-2所示的三相全控桥有源逆变电路模型图，模型中需要的模块及其提取路径如表11-1所示。

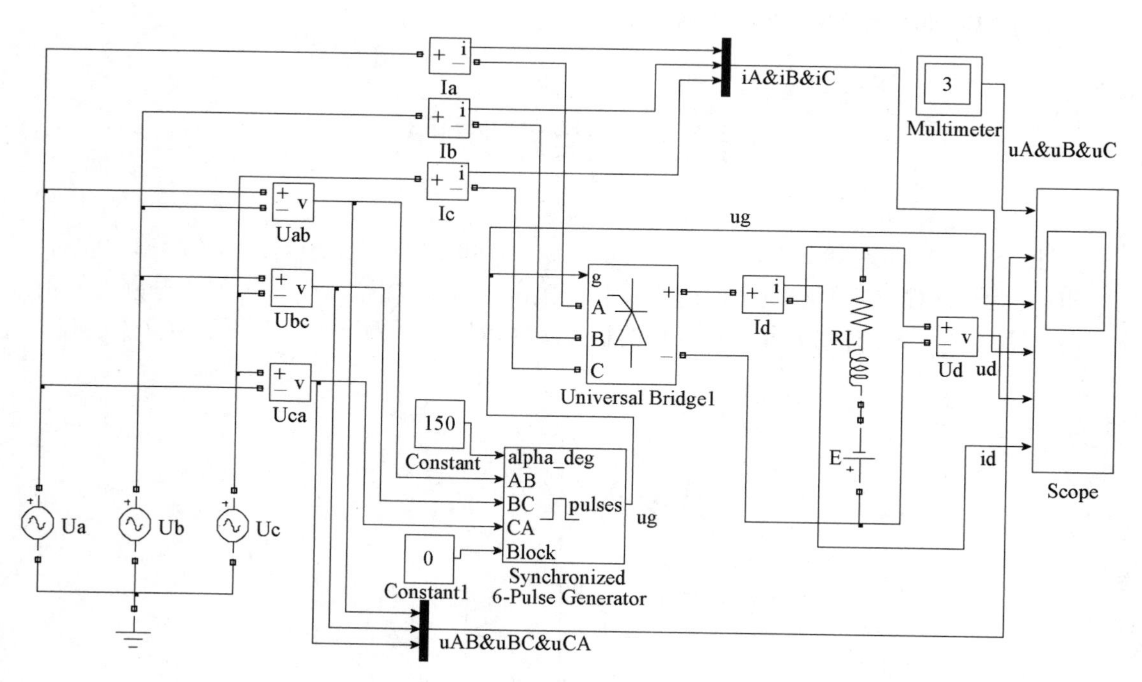

图11-2 三相全控桥有源逆变电路仿真模型

表 11-1　模块名称及其提取路径

模块名称	提取路径
交流电压源	SimPowerSystems/Electrical Sources/AC Voltage Source
直流电压源	SimPowerSystems/Electrical Sources/DC Voltage Source
同步 6-脉冲发生器	SimPowerSystems /Extra Library/Control Blocks/synchronized 6-pulse generator
通用变换器桥	SimPowerSystems/Power Electronics/Universal Bridge
常数模块	Simulink/Commonly Used Blocks/Constant
负载	SimPowerSystems/Elements/Series RLC Branch
接地端子	SimPowerSystems/Elements/Ground
信号合成器	Simulink/Signal Routing/Mux
电压表	SimPowerSystems/Measurements/Voltage Measurement
电流表	SimPowerSystems/Measurements/Current Measurement
多路测量器	SimPowerSystems/Measurements/Multimeter
示波器	Simulink/Sinks/Scope

2. 模块参数设置：三个交流电压源的峰值设置为 $220\sqrt{2}$ V，频率设置为 50Hz，A 相初始相位设置为 0 度，B 相初始相位设置为−120 度，C 相初始相位设置为−240 度，且将三个交流电压源参数设置中的测量项由 None 改为 Voltage。直流电压源的幅值设置为 500V。电阻和电感负载设置为 1Ω和 0.01H。该实验的触发脉冲由同步 6-脉冲发生器产生，触发角的大小通过 alpha_deg 输入，而逆变角等于 180 度减去触发角。通用变换器桥可保持默认设置。常数模块按照需要输出的数值进行设置。信号合成器根据需要合成的信号数设置输入端口数。多路测量器参数设置为输出三相交流电源的相电压。示波器根据需要输出的波形个数设置输入端口数。

3. 仿真参数设置：将开始时间设置为 0，终止时间设置为 0.05，算法设置为 ode23tb。

4. 完成以上步骤后便可以开始仿真，仿真结束后双击示波器观察波形。三相全控桥有源逆变电路在逆变角为 30 度、45 度、60 度和 90 度时的仿真波形如图 11-3 所示。

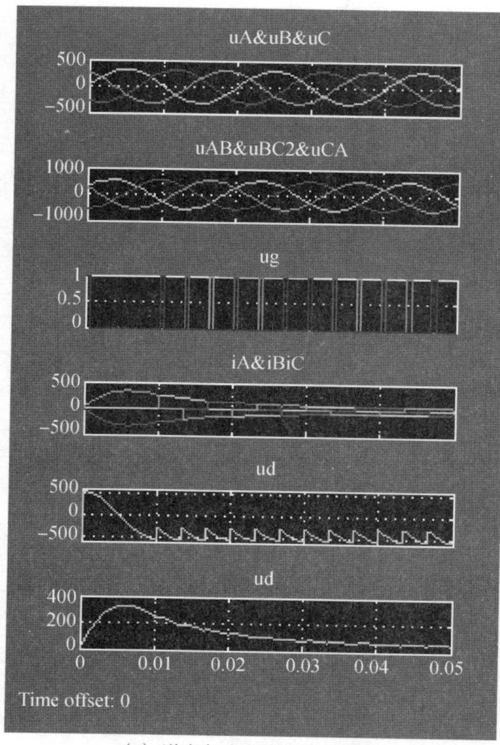

（a）逆变角为30度时的波形

（b）逆变角为45度时的波形

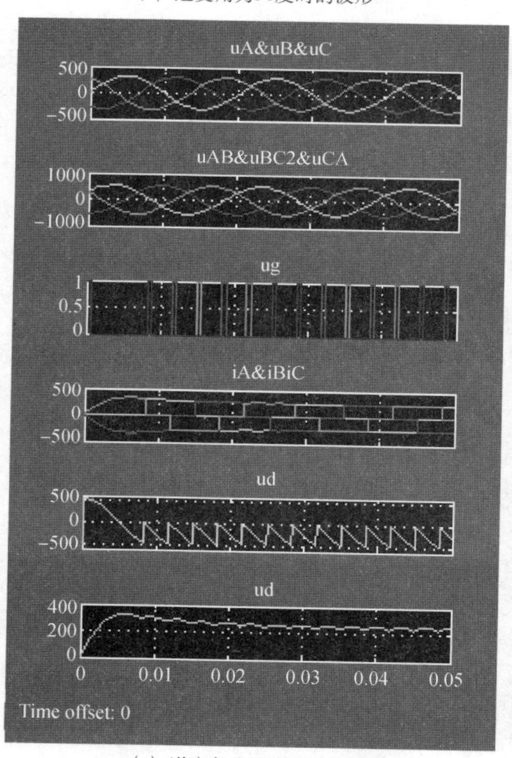

（c）逆变角为60度时的波形

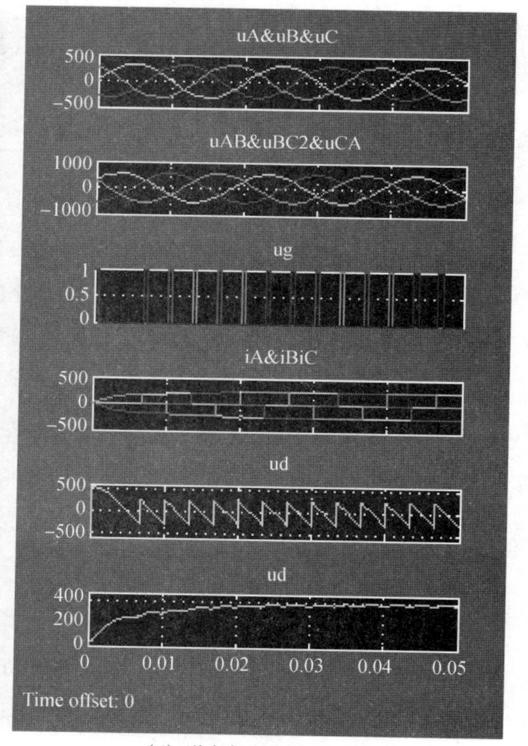

（d）逆变角为90度时的波形

图 11-3　三相全控桥有源逆变电路仿真波形

5. 根据附录A波形平均值测量方法，测量三相全控桥有源逆变电路的负载电压平均值U_d，记录于表11-2中，并与U_d的理论计算值进行比较。

表11-2　三相全控桥有源逆变电路负载电压记录表

触发角β	30度	45度	60度	90度
电源电压有效值U_2/V				
负载电压U_d（测量值）/V				
负载电压U_d（计算值）/V				

11.6　总结分析

1. 根据仿真结果分析三相全控桥有源逆变电路的工作情况。

2. 改变仿真模型中各模块的参数设置和仿真参数，如增大或减小直流电压源的大小，观察波形的变化，分析波形变化的原因。

11.7　实训报告

实训项目名称：　　　　　　　　　　　　　　　　成绩：

实训日期：　　　　　　　　　　　　　　　　　　实训地点：

一、实训目的

二、实训要求

三、实训内容和步骤

四、实训结果与总结分析

指导教师评语：

指导教师签名：

年　　月　　日

项目十二　直流降压斩波电路

12.1　项目要求

1. 掌握直流降压斩波电路的工作情况。
2. 理解控制脉冲电压的宽度比与负载电压波形间的关系。

项目十二.mp4

12.2　仿真工具

MATLAB/ Simulink/ SimPowerSystems

12.3　电路原理

直流降压斩波电路如图 12-1 所示。U 为直流电源电压，u_d 为负载电压，i_d 为负载电流，u_{IGBT} 为 IGBT 集电极和发射极之间的电压，i_{IGBT} 为流过 IGBT 的电流，u_g 为 IGBT 的控制脉冲，i_{VD} 为流过二极管 VD 的电流。

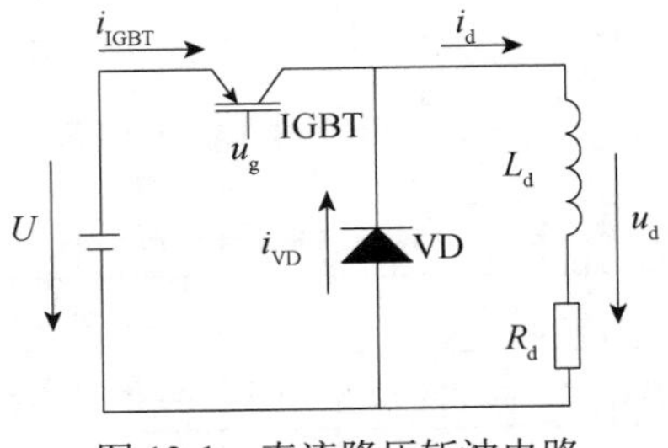

图 12-1　直流降压斩波电路

12.4 项目内容

1. 以图 12-1 为原理图，在 Simulink 中建立直流降压斩波电路仿真模型并进行仿真。
2. 利用 Simulink 中的示波器模块，显示 u_g、u_{IGBT}、i_{IGBT}、i_{VD}、u_d 和 i_d 的波形并记录。
3. 根据仿真结果分析控制脉冲电压的宽度比与负载电压波形间的关系。
4. 测量、记录负载电压 u_d 的平均值 U_d，与理论值进行比较。

12.5 具体步骤

1. 建立如图 12-2 所示的直流降压斩波电路模型图，模型中需要的模块及其提取路径如表 12-1 所示。

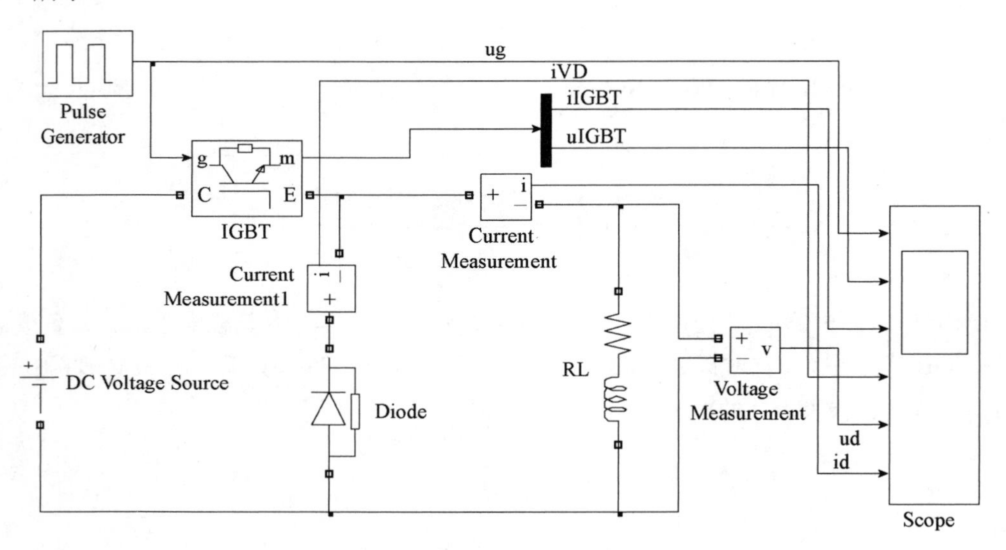

图 12-2 直流降压斩波电路仿真模型

表 12-1 模块名称及其提取路径

模块名称	提取路径
直流电压源	SimPowerSystems/Electrical Sources/DC Voltage Source
脉冲发生器	Simulink/Sources/Pulse Generator
绝缘栅双极晶体管	SimPowerSystems/Power Electronics/IGBT
功率二极管	SimPowerSystems/Power Electronics/Diode
负载	SimPowerSystems/Elements/Series RLC Branch

续表

模块名称	提取路径
电压表	SimPowerSystems/Measurements/Voltage Measurement
电流表	SimPowerSystems/Measurements/Current Measurement
信号分解器	Simulink/Signal Routing/Demux
示波器	Simulink/Sinks/Scope

2. 模块参数设置：直流电压源的幅值设置为 100V。电阻和电感负载设置为 1Ω和 0.001H。控制脉冲电压由脉冲发生器产生，电压幅值设置为 3V，周期设置为 0.001s，脉冲宽度比的大小设置可改变输出负载电压的大小。IGBT、功率二极管和信号分解器可保持默认设置。示波器根据需要输出的波形个数设置输入端口数。

3. 仿真参数设置：将开始时间设置为 0，终止时间设置为 0.01，算法设置为 ode23tb。

4. 完成以上步骤后便可以开始仿真，仿真结束后双击示波器观察波形。直流降压斩波电路在控制脉冲电压宽度比为 80%和 40%时的仿真波形如图 12-3 所示。

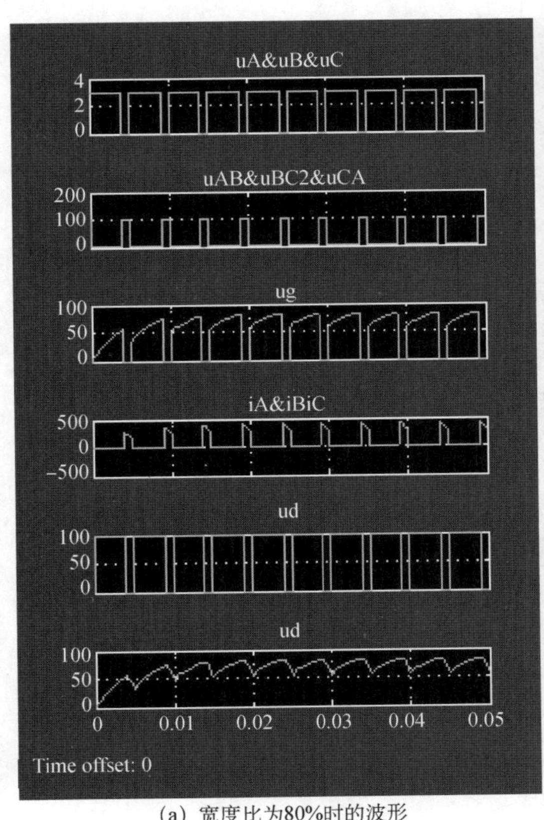

(a) 宽度比为80%时的波形

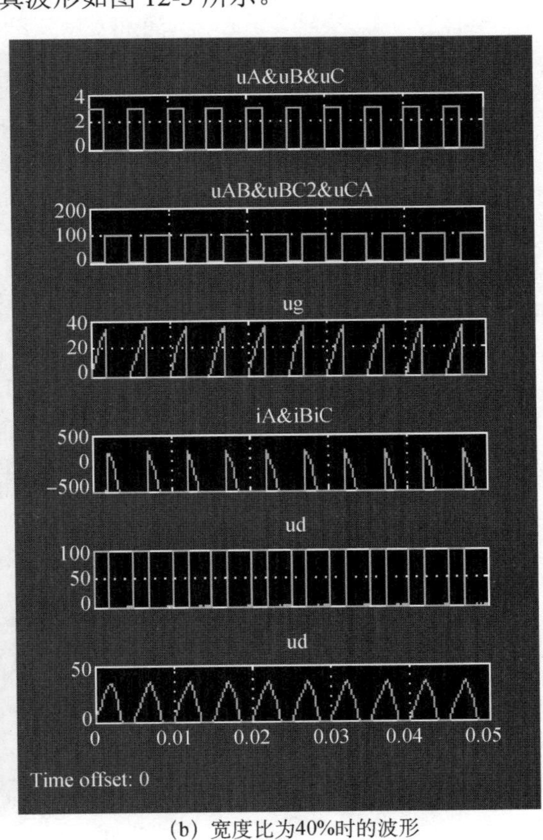

(b) 宽度比为40%时的波形

图 12-3 直流降压斩波电路仿真波形

5. 根据附录 A 波形平均值测量方法，测量直流降压斩波电路的负载电压平均值 U_d，记录于表 12-2 中，并与 U_d 的理论计算值进行比较。

表 12-2　直流降压斩波电路负载电压记录表

控制脉冲电压的宽度比	80%	40%
直流电源电压 U / V		
负载电压 U_d（测量值）/ V		
负载电压 U_d（计算值）/ V		

12.6　总结分析

1. 根据仿真结果分析直流降压斩波电路的工作情况。

2. 改变仿真模型中各模块的参数设置和仿真参数，如增大或减小控制脉冲电压的宽度比，观察波形的变化，分析波形变化的原因。

12.7　实训报告

实训项目名称：　　　　　　　　　　　　　　　　成绩：

实训日期：　　　　　　　　　　　　　　　　　　实训地点：

一、实训目的

二、实训要求

三、实训内容和步骤

四、实训结果与总结分析

指导教师评语：

指导教师签名：

年　　月　　日

项目十三　直流升压斩波电路

13.1　项目要求

项目十三.mp4

1. 掌握直流升压斩波电路的工作情况。
2. 理解控制脉冲电压的宽度比与负载电压波形间的关系。

13.2　仿真工具

MATLAB/ Simulink/ SimPowerSystems

13.3　电路原理

直流升压斩波电路如图 13-1 所示。U 为直流电源电压，u_d 为负载电压，i_d 为负载电流，u_{IGBT} 为 IGBT 集电极和发射极之间的电压，i_{IGBT} 为流过 IGBT 的电流，u_g 为 IGBT 的控制脉冲，u_L 为电感两端电压，i_L 为流过电感的电流，i_{VD} 为流过二极管 VD 的电流。

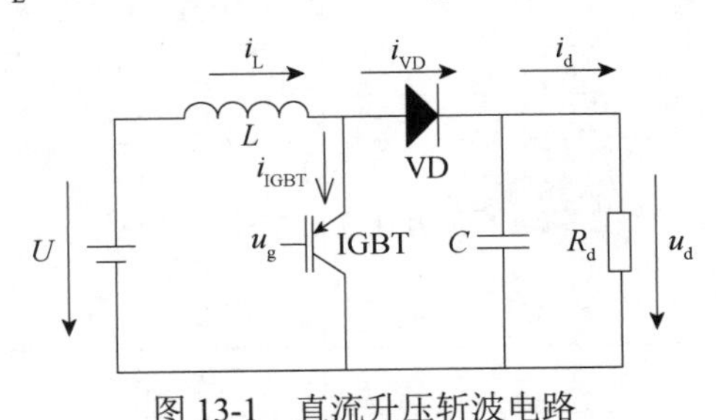

图 13-1　直流升压斩波电路

13.4 项目内容

1. 以图 13-1 为原理图，在 Simulink 中建立直流升压斩波电路仿真模型并进行仿真。

2. 利用 Simulink 中的示波器模块，显示u_g、u_{IGBT}、i_{IGBT}、u_L、i_L、i_{VD}、u_d和i_d的波形并记录。

3. 根据仿真结果分析控制脉冲电压的宽度比与负载电压波形间的关系。

4. 测量、记录负载电压u_d的平均值U_d，与理论值进行比较。

13.5 具体步骤

1. 建立如图 13-2 所示的直流升压斩波电路模型图，模型中需要的模块及其提取路径如表 13-1 所示。

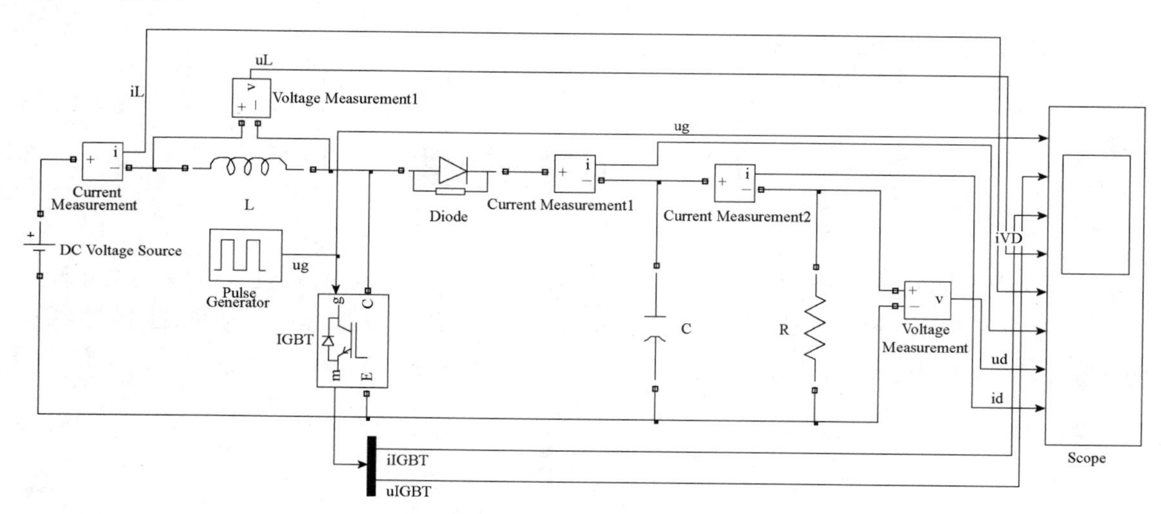

图 13-2　直流升压斩波电路仿真模型

表 13-1　模块名称及其提取路径

模块名称	提取路径
直流电压源	SimPowerSystems/Electrical Sources/DC Voltage Source
脉冲发生器	Simulink/Sources/Pulse Generator
绝缘栅双极晶体管	SimPowerSystems/Power Electronics/IGBT
功率二极管	SimPowerSystems/Power Electronics/Diode

续表

模块名称	提取路径
负载、电感、电容	SimPowerSystems/Elements/Series RLC Branch
电压表	SimPowerSystems/Measurements/Voltage Measurement
电流表	SimPowerSystems/Measurements/Current Measurement
信号分解器	Simulink/Signal Routing/Demux
示波器	Simulink/Sinks/Scope

2. 模块参数设置：直流电压源的幅值设置为 100V。电阻负载设置为 1，电感设置为 0.001H，电容设置为 0.001F。控制脉冲电压由脉冲发生器产生，电压幅值设置为 3V，周期设置为 0.001s，脉冲宽度比的大小设置可改变输出负载电压的大小。IGBT、功率二极管、信号分解器可保持默认设置。示波器根据需要输出的波形个数设置输入端口数。

3. 仿真参数设置：将开始时间设置为 0，终止时间设置为 0.02，算法设置为 ode23tb。

4. 完成以上步骤后便可以开始仿真，仿真结束后双击示波器观察波形。直流升压斩波电路在控制脉冲电压宽度比为 80%和 40%时的仿真波形如图 13-3 所示。

5. 根据附录 A 波形平均值测量方法，测量直流升压斩波电路的负载电压平均值U_{d}，记录于表 13-2 中，并与U_{d}的理论计算值进行比较。

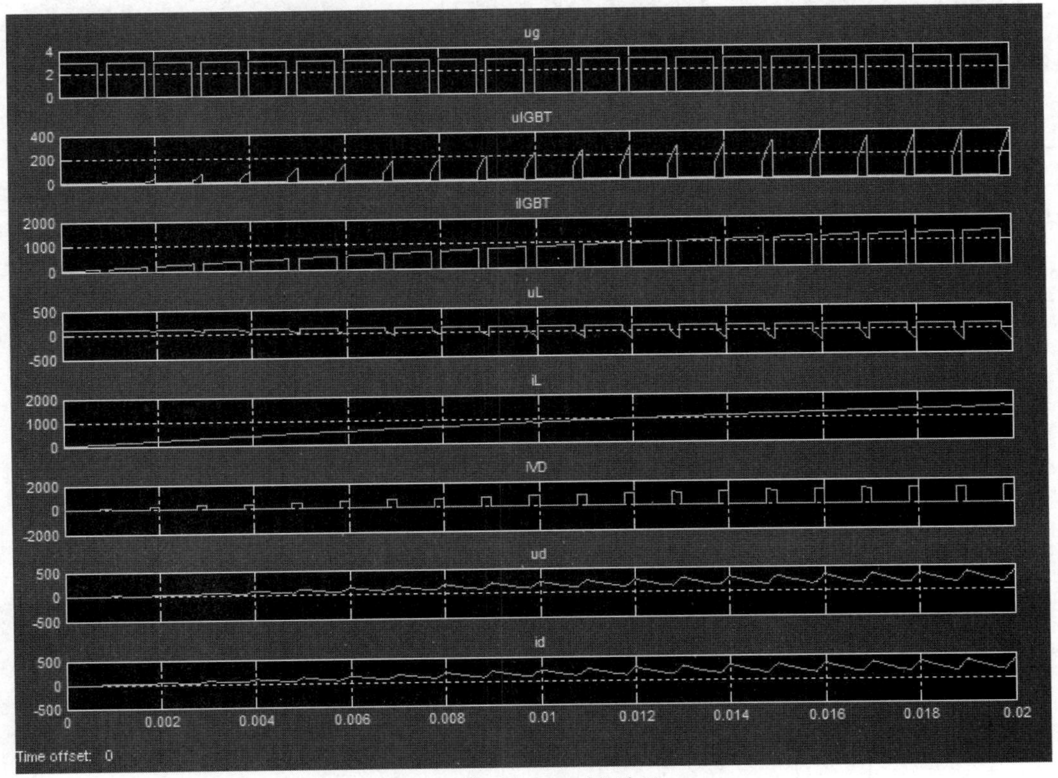

(a) 宽度比为 80%时的波形

图 13-3　直流升压斩波电路仿真波形

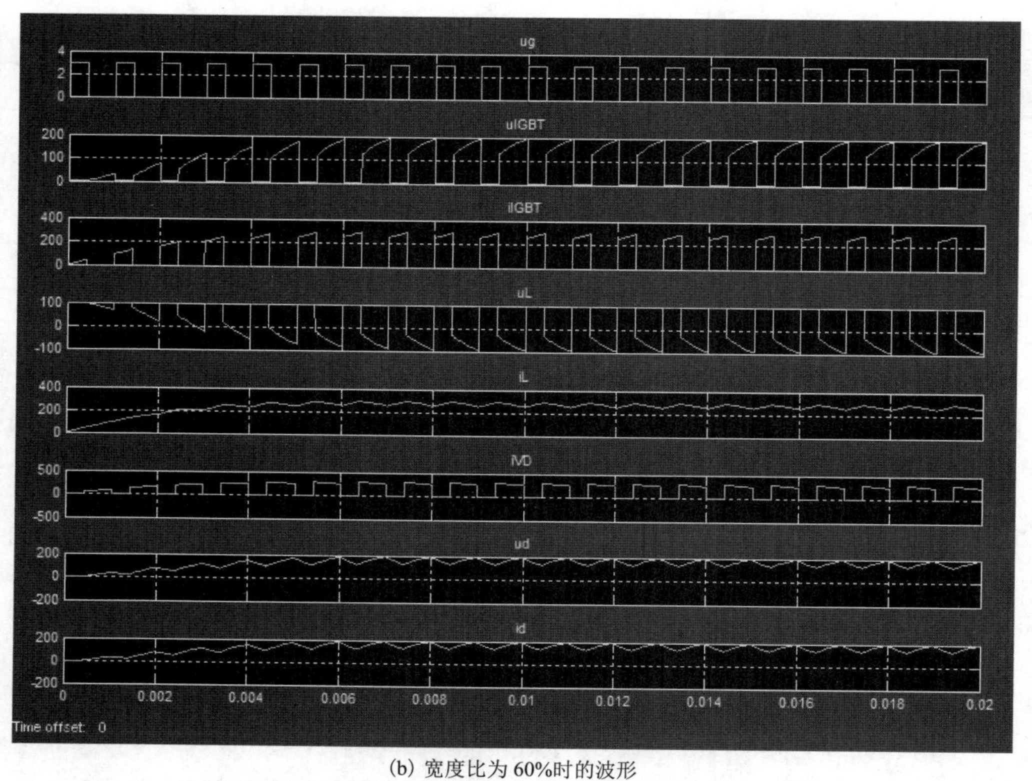

(b) 宽度比为60%时的波形

图 13-3 直流升压斩波电路仿真波形（续）

表 13-2 直流升压斩波电路负载电压记录表

控制脉冲电压的宽度比	80%	40%
直流电源电压 U / V		
负载电压 U_d（测量值）/ V		
负载电压 U_d（计算值）/ V		

13.6 总结分析

1. 根据仿真结果分析直流升压斩波电路的工作情况。

2. 改变仿真模型中各模块的参数设置和仿真参数，如增大或减小电感量，观察波形的变化，分析波形变化的原因。

13.7 实训报告

实训项目名称： 成绩：

实训日期： 实训地点：

一、实训目的

二、实训要求

三、实训内容和步骤

四、实训结果与总结分析

指导教师评语：

指导教师签名：

年　　月　　日

项目十四　单相相控交流调压电路

14.1　项目要求

项目十四.mp4

1. 掌握单相相控交流调压电路在带电阻负载和带电阻电感负载时的工作情况。

2. 理解触发角大小与负载电压波形间的关系。

3. 了解单相相控交流调压电路带电阻电感负载，触发角小于、等于或大于负载阻抗角时输出的负载电压情况。

14.2　仿真工具

MATLAB/ Simulink/ SimPowerSystems

14.3　电路原理

单相相控交流调压带电阻负载和带电阻电感负载的电路如图 14-1 所示。u_2 为变压器二次侧电压，u_d 为负载电压，i_d 为负载电流，u_{VT1} 和 u_{VT2} 分别为晶闸管 VT1 和 VT2 的阳极与阴极间电压，i_{VT1} 和 i_{VT2} 分别为流过晶闸管 VT1 和 VT2 的电流，u_{g1} 和 u_{g2} 分别为晶闸管 VT1 和 VT2 的触发脉冲电压。

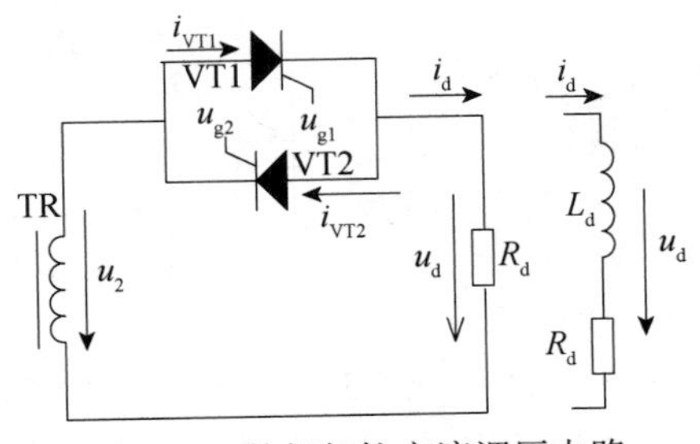

图 14-1　单相相控交流调压电路

14.4 项目内容

1. 以图 14-1 为原理图，在 Simulink 中分别建立单相相控交流调压带电阻负载和带电阻电感负载的电路仿真模型并进行仿真。

2. 利用 Simulink 中的示波器模块，显示u_2、u_{g1}、u_{g2}、u_{VT1}、u_{VT2}、i_{VT1}、i_{VT2}、u_d和i_d的波形并记录。

3. 根据仿真结果分析触发角大小与负载电压波形间的关系。

14.5 具体步骤

1. 建立如图 14-2 和图 14-3 所示的单相相控交流调压带电阻负载和带电阻电感负载的电路模型图，模型中需要的模块及其提取路径如表 14-1 所示。

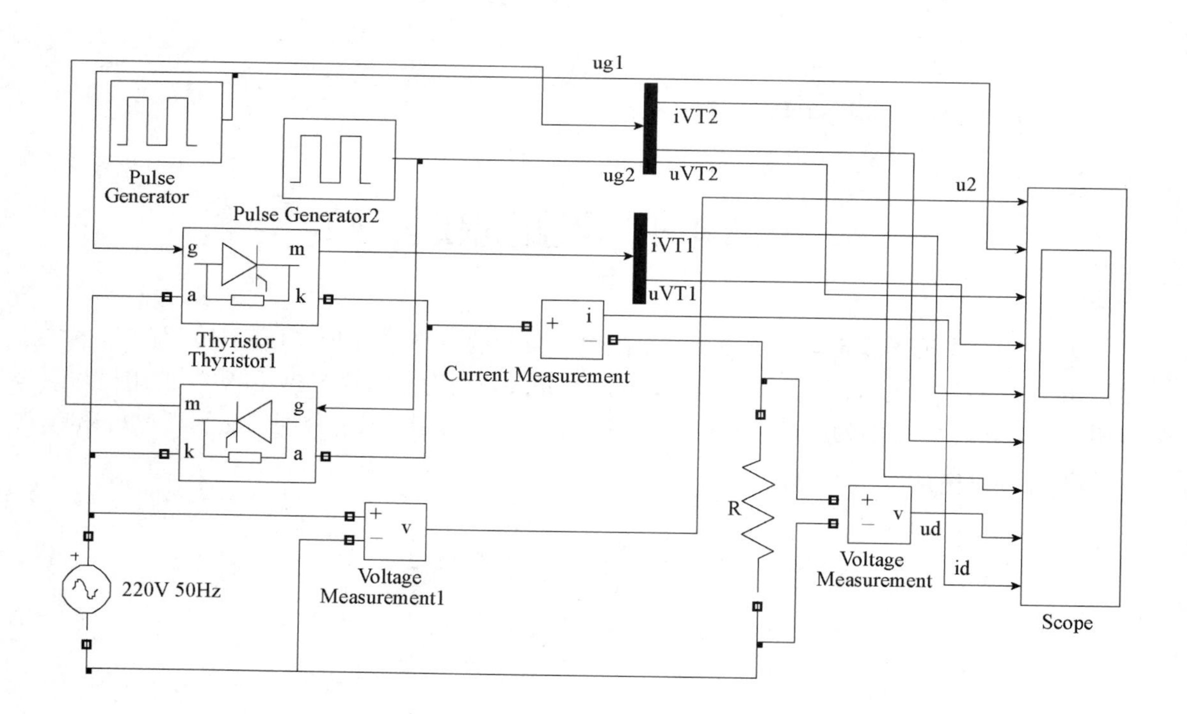

图 14-2　单相相控交流调压带电阻负载电路仿真模型

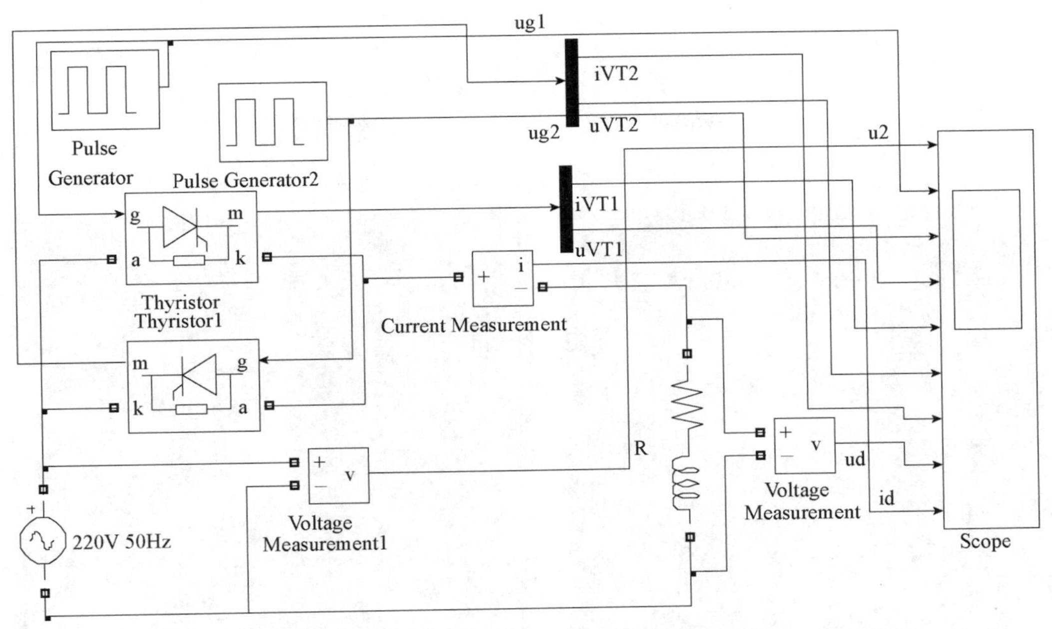

图 14-3　单相相控交流调压带电阻电感负载电路仿真模型

表 14-1　模块名称及其提取路径

模块名称	提取路径
交流电压源	SimPowerSystems/Electrical Sources/AC Voltage Source
脉冲发生器	Simulink/Sources/Pulse Generator
晶闸管	SimPowerSystems/Power Electronics/Thyristor
负载	SimPowerSystems/Elements/Series RLC Branch
电压表	SimPowerSystems/Measurements/Voltage Measurement
电流表	SimPowerSystems/Measurements/Current Measurement
信号分解器	Simulink/Signal Routing/Demux
示波器	Simulink/Sinks/Scope

2. 模块参数设置：交流电压源中峰值设置为 $220\sqrt{2}$ V，频率设置为 50Hz。图 14-2 中电阻负载设置为 1Ω，图 14-3 中电阻和电感负载设置为 1Ω和 0.002H，则阻抗角 $\phi = \text{arctg}\dfrac{wL}{R} \approx 32.2$度。脉冲发生器中电压幅值设置为 3V，周期设置为 0.02s，脉冲宽度设置为 10%， 相位延迟则用于设置触发角，设置值可根据公式（3.1）进行计算。注意在本实验中，VT1 和 VT2 的触发角之间必须相差 180 度。晶闸管和信号分解器的参数可保持默认设置。示波器根据需要输出的波形个数设置输入端口数。

3. 仿真参数设置：将开始时间设置为 0，终止时间设置为 0.01，算法设置为 ode23tb。

4. 完成以上步骤后便可以开始仿真，仿真结束后双击示波器观察波形。单相相控交流调压带电阻负载电路（如图 14-2 所示）在触发角为 30 度、60 度、90 度和 120 度时的仿真波形如图 14-4 所示。单相相控交流调压带电阻电感负载电路（如图 14-3 所示）在触发角为 20 度（小于阻抗角）、32.2 度（等于阻抗角）、60 度（大于阻抗角）和 90 度（大于阻抗角）时的仿真波形如图 14-5 所示。

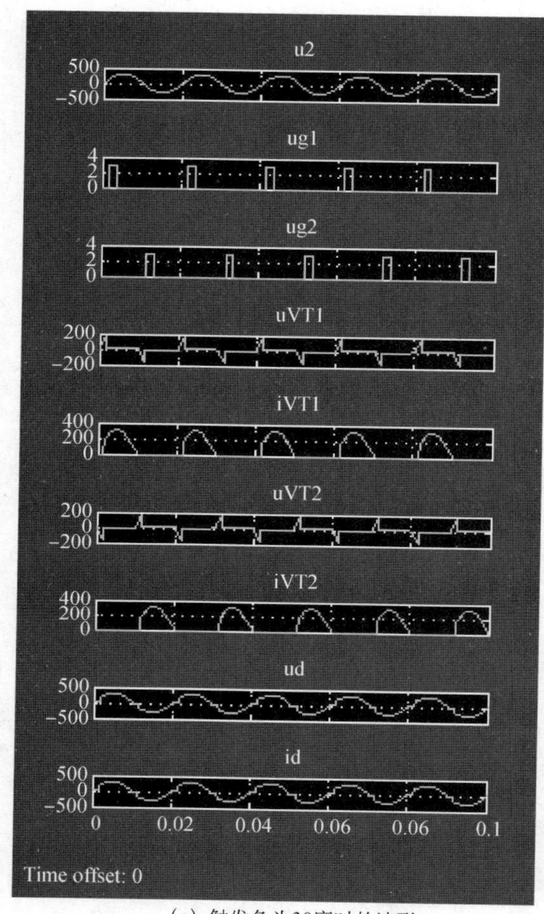

(a) 触发角为30度时的波形

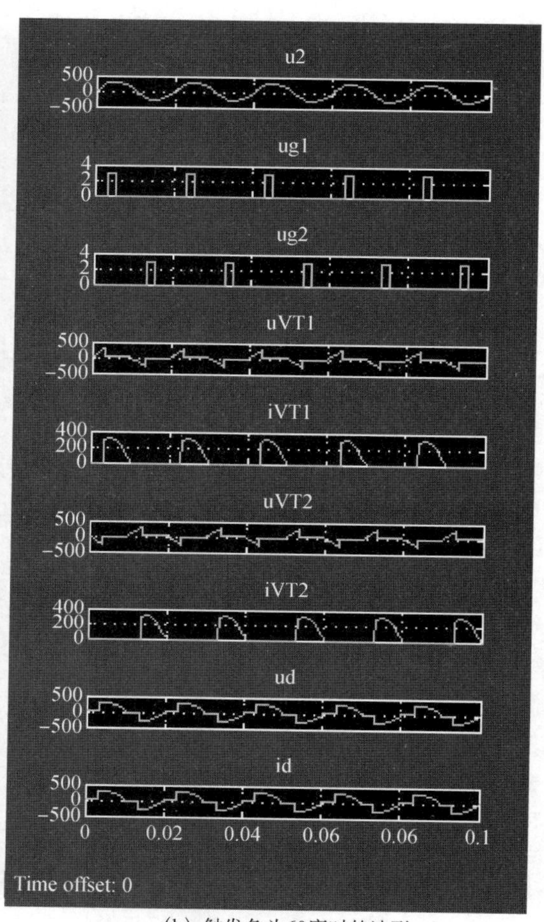

(b) 触发角为60度时的波形

图 14-4 单相相控交流调压带电阻负载电路仿真波形

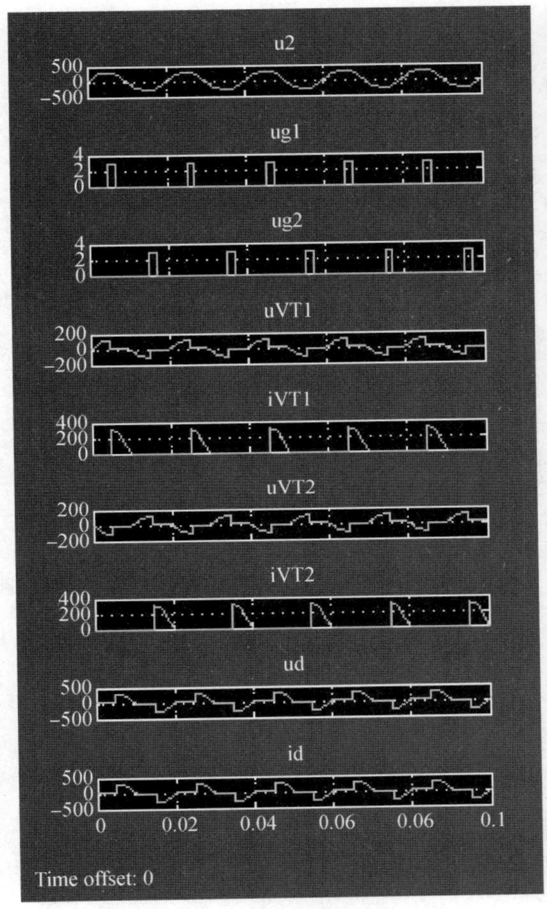

(c) 触发角为90度时的波形

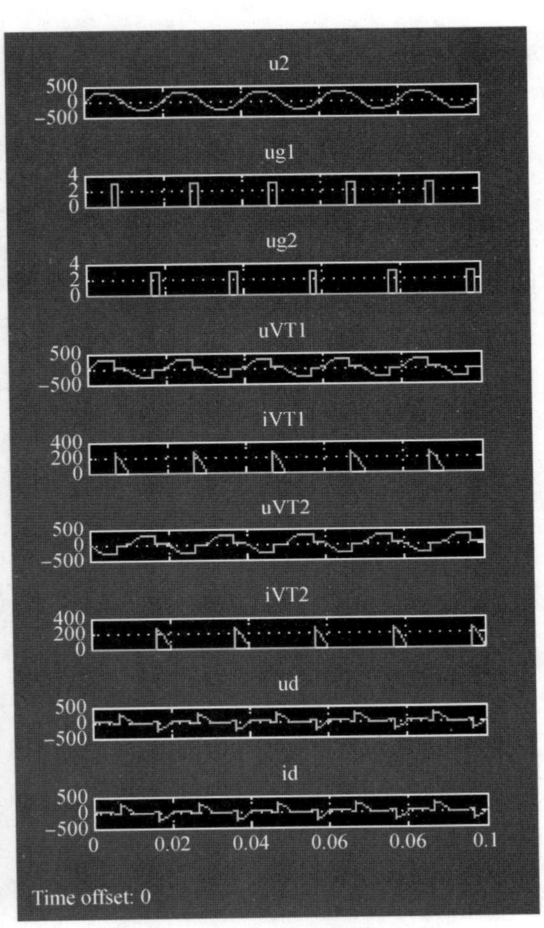

(d) 触发角为120度时的波形

图 14-4　单相相控交流调压带电阻负载电路仿真波形（续）

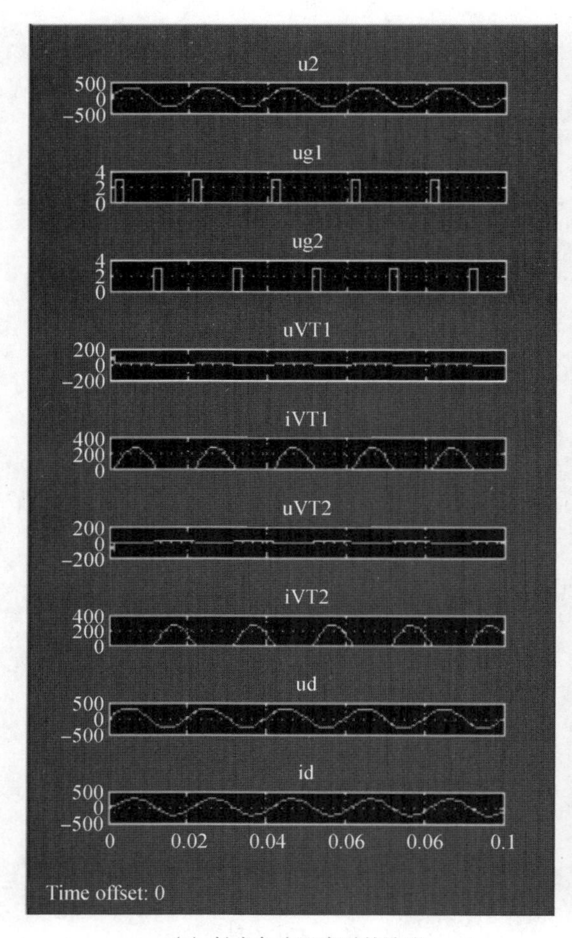

（a）触发角为20度时的波形

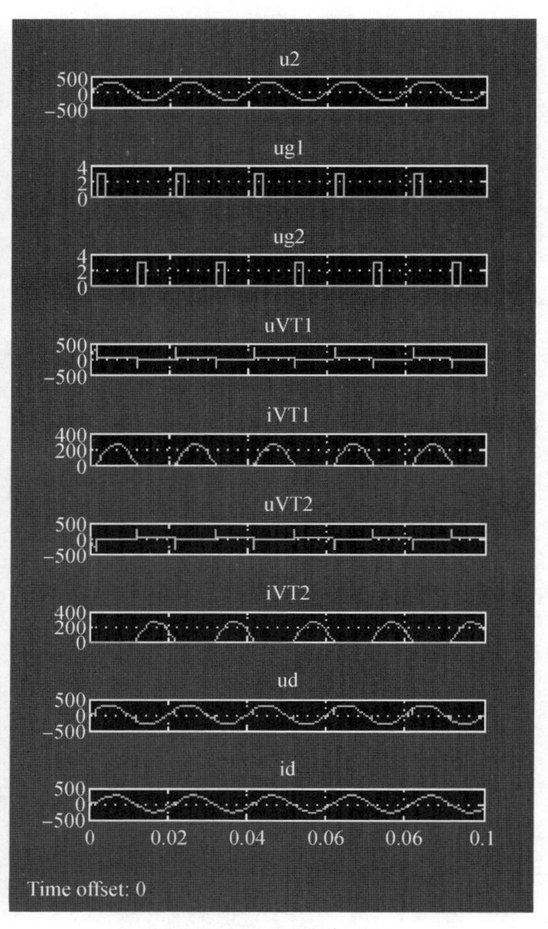

（b）触发角为32.2度时的波形

图 14-5　单相相控交流调压带电阻电感负载电路仿真波形

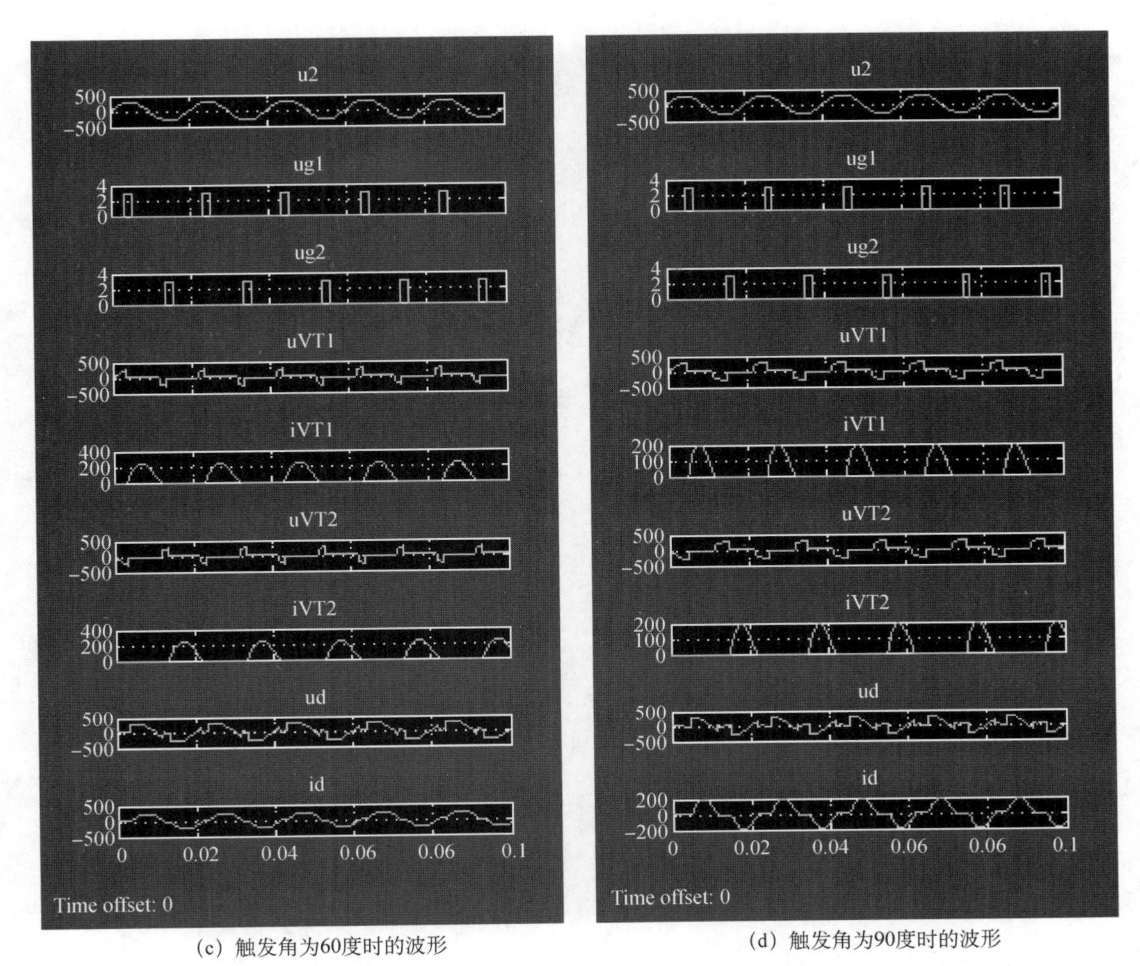

（c）触发角为60度时的波形　　（d）触发角为90度时的波形

图 14-5　单相相控交流调压带电阻电感负载电路仿真波形（续）

14.6　总结分析

1. 根据仿真结果分析单相相控交流调压电路在带电阻负载和带电阻电感负载时的工作情况。

2. 改变仿真模型中各模块的参数设置和仿真参数，如增大或减小阻抗角，观察波形的变化，分析波形变化的原因。

3. 分析单相相控交流调压电路带电阻电感负载，触发角在小于、等于或大于阻抗角时，负载电压出现变化的原因。

14.7　实训报告

实训项目名称：　　　　　　　　　　　　　　　　成绩：

实训日期：　　　　　　　　　　　　　　　　　　实训地点：

一、实训目的

二、实训要求

三、实训内容和步骤

四、实训结果与总结分析

指导教师评语：

指导教师签名：

年　　月　　日

项目十五　三相三线交流调压电路

15.1　项目要求

1. 掌握三相三线交流调压电路的工作情况。
2. 理解触发角大小与负载电压波形间的关系。

项目十五.mp4

15.2　仿真工具

MATLAB/ Simulink/ SimPowerSystems

15.3　电路原理

三相三线交流调压电路如图 15-1 所示。u_A、u_B和u_C为三相变压器二次侧相电压，u_{AB}、u_{BC}和u_{CA}为变压器二次侧线电压，i_A、i_B和i_C为变压器二次侧相电流，u_{d1}、u_{d2}和u_{d3}为负载电压，$u_{g1}\sim u_{g6}$分别为 6 只晶闸管的触发脉冲电压。

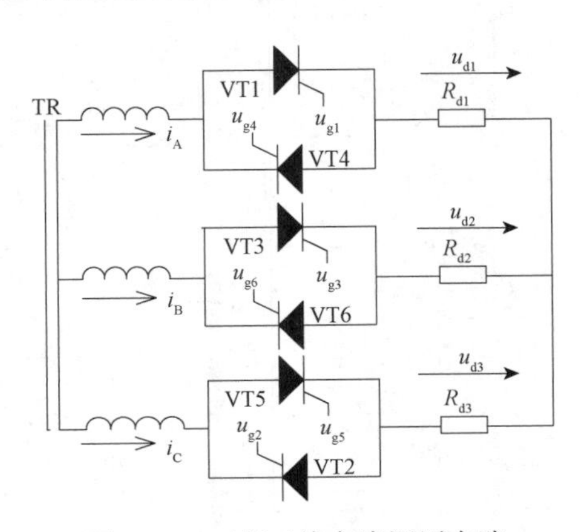

图 15-1　三相三线交流调压电路

15.4 项目内容

1. 以图 15-1 为原理图，在 Simulink 中建立三相三线交流调压电路仿真模型并进行仿真。

2. 利用 Simulink 中的示波器模块，显示u_A、u_B、u_C、u_{AB}、u_{BC}、u_{CA}、i_A、i_B、i_C、u_{g1}、u_{g2}、u_{g3}、u_{g4}、u_{g5}、u_{g6}、u_{d1}、u_{d2}和u_{d3}的波形并记录。

3. 根据仿真结果分析触发角大小与负载电压波形间的关系。

15.5 具体步骤

1. 建立如图 15-2 所示的三相三线交流调压电路模型图，模型中需要的模块及其提取路径如表 15-1 所示。

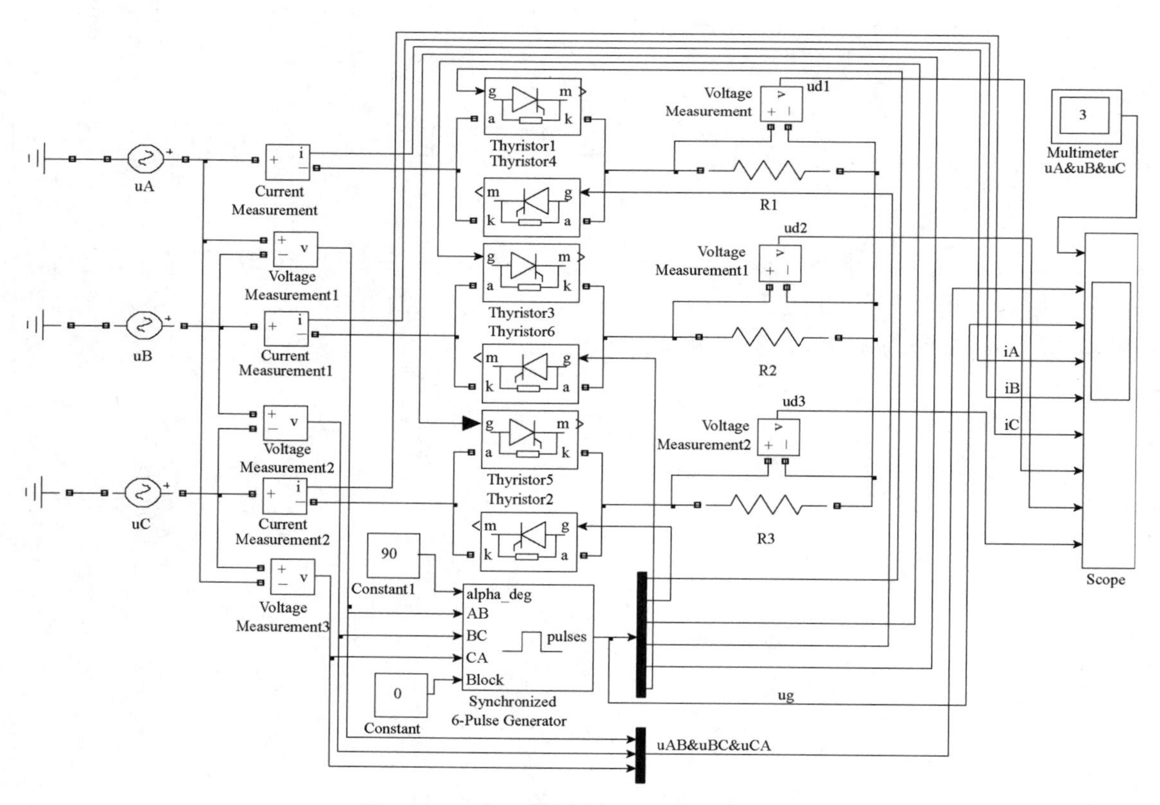

图 15-2 三相三线交流调压电路仿真模型

表 15-1　模块名称及其提取路径

模块名称	提取路径
交流电压源	SimPowerSystems/Electrical Sources/AC Voltage Source
同步 6-脉冲发生器	SimPowerSystems /Extra Library/Control Blocks/synchronized 6-pulse generator
晶闸管	SimPowerSystems/Power Electronics/Thyristor
常数模块	Simulink/Commonly Used Blocks/Constant
负载	SimPowerSystems/Elements/Series RLC Branch
信号合成器	Simulink/Signal Routing/Mux
信号分解器	Simulink/Signal Routing/Demux
电压表	SimPowerSystems/Measurements/Voltage Measurement
电流表	SimPowerSystems/Measurements/Current Measurement
多路测量器	SimPowerSystems/Measurements/Multimeter
接地端子	SimPowerSystems/Elements/Ground
示波器	Simulink/Sinks/Scope

2. 模块参数设置：三个交流电压源的峰值设置为 $220\sqrt{2}$ V，频率设置为 50Hz，A 相初始相位设置为 0 度，B 相初始相位设置为−120 度，C 相初始相位设置为−240 度，且将三个交流电压源参数设置中的测量项由 None 改为 Voltage。同步 6-脉冲发生器产生中 AB、BC、CA 是同步线电压输入端，alpha_deg 和 Block 为触发角信号输入端和使能端，使用常数模块进行输入，通过 alpha_deg 输入的即为触发角的大小，并勾上双脉冲选项。需要注意的是同步 6-脉冲发生器是专为三相整流电路设计，触发角的起算点为自然换流点，即距坐标原点 30 度位置，因此本实验中所需要的触发角 $\alpha = \text{alpha\_deg} + 30$，例如，输入值 alpha_deg=0 时，触发角为 30 度。信号合成器和信号分解器的参数按输入输出个数进行设置。晶闸管参数可保持默认设置。多路测量器输出三相电源的相电压。示波器根据需要输出的波形个数设置输入端口数。

3. 仿真参数设置：将开始时间设置为 0，终止时间设置为 0.05，算法设置为 ode23tb。

4. 完成以上步骤后便可以开始仿真，仿真结束后双击示波器观察波形。三相三线交流调压电路在触发角为 30 度、60 度、90 度和 120 度时的仿真波形如图 15-3 所示。

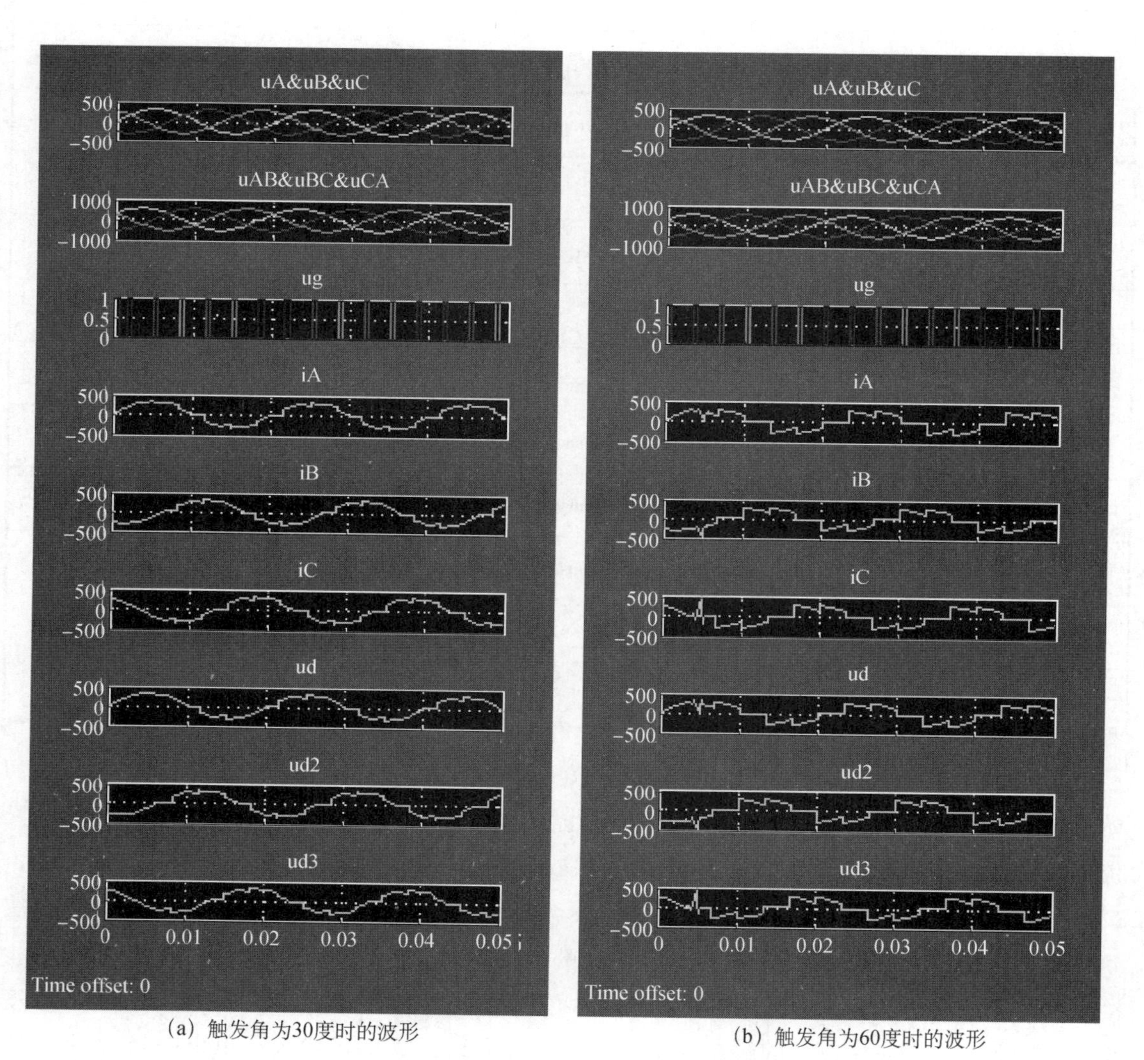

(a) 触发角为30度时的波形

(b) 触发角为60度时的波形

图 15-3 三相三线交流调压电路仿真波形

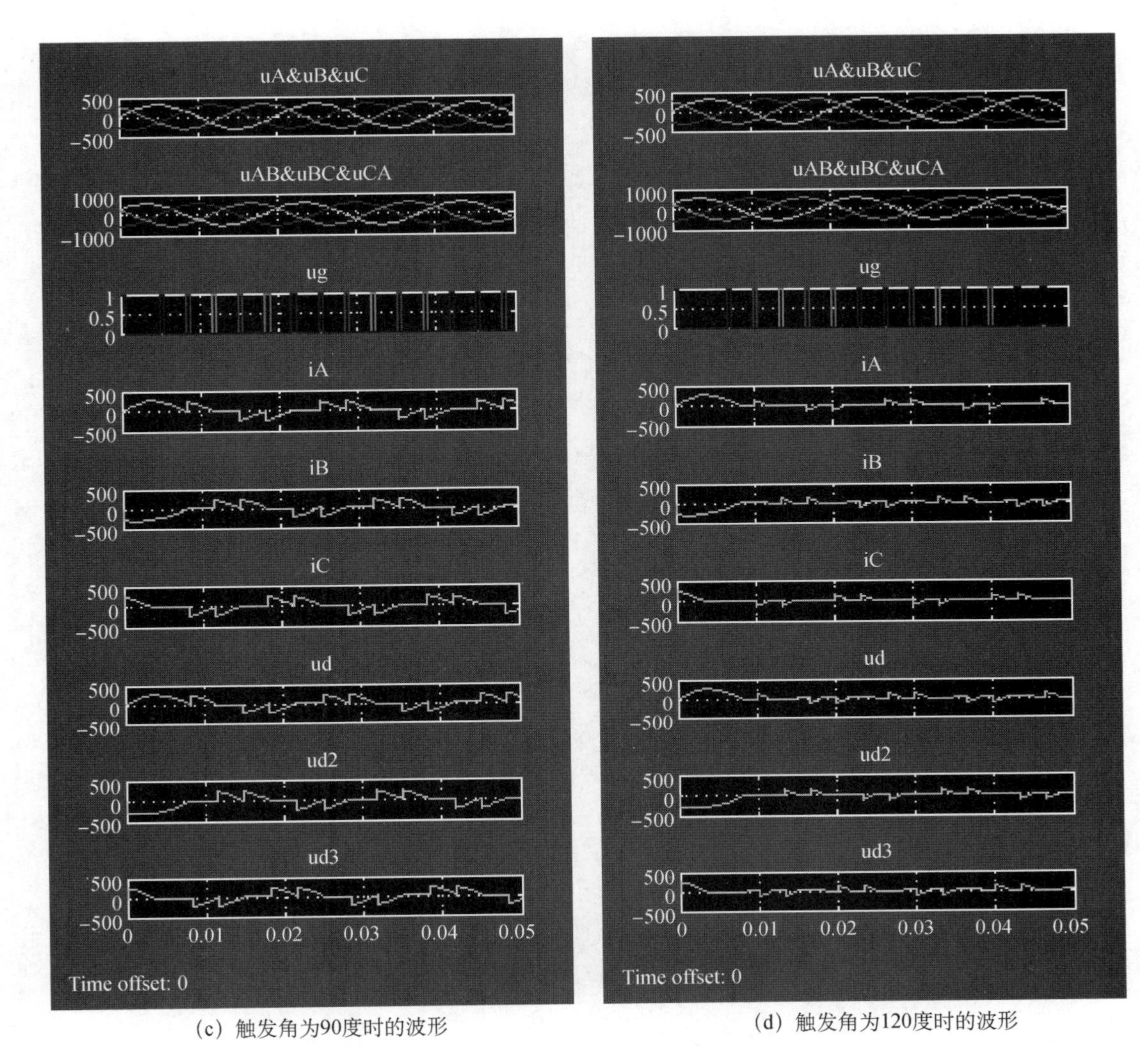

(c) 触发角为90度时的波形　　(d) 触发角为120度时的波形

图 15-3　三相三线交流调压电路仿真波形（续）

15.6　总结分析

1. 根据仿真实验结果分析三相三线交流调压电路的工作情况。

2. 改变仿真模型中各模块的参数设置和仿真参数，如增大或减小触发角，观察波形的变化，分析波形变化的原因。

15.7　实训报告

实训项目名称：　　　　　　　　　　　　　　　　　　成绩：

实训日期：　　　　　　　　　　　　　　　　　　　实训地点：

一、实训目的

二、实训要求

三、实训内容和步骤

四、实训结果与总结分析

指导教师评语：

指导教师签名：

年　　月　　日

附录 A　波形平均值测量方法

波形平均值测量可使用波形数值采样、累加、平均的方法，模型如图 A-1 所示，其中 X 为输入端，输入需要测量平均值的波形，在显示模块中即可得到波形的平均值。模型中需要的模块及其提取路径如表 A-1 所示。

附录.mp4

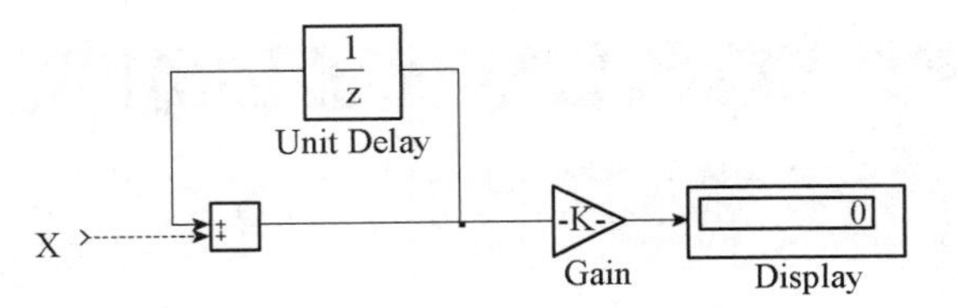

图 A-1　波形平均值测量模型

表 A-1　模块名称及其提取路径

模块名称	提取路径
累加模块	Simulink/Math Operations/Sum
延时模块	Simulink/Commonly Used Blocks/Unit Delay
增益模块	Simulink/Commonly Used Blocks/Gain
显示模块	Simulink/Sinks/Display

模块参数设置：累加模块的参数设置如图 A-2 所示。延时模块的参数设置如图 A-3 所示，其中 Sample time 为取样时间，取样时间越小，获得的平均值越精确，但是运行时间越长，因此需根据实际情况进行合理设置。增益模块的参数设置如图 A-4 所示，其中 Gain 为增益，按以下公式进行设置：

$$G = 1/((T/\text{Sample time})+1)$$

其中 T 为仿真时间， Sample time 为取样时间，需与延时模块中的 Sample time 设置成相同值。显示模块的参数可保持默认设置。

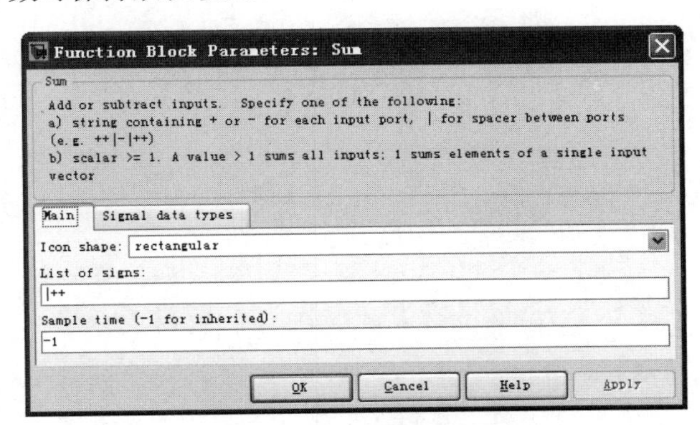

图 A-2　累加模块参数设置

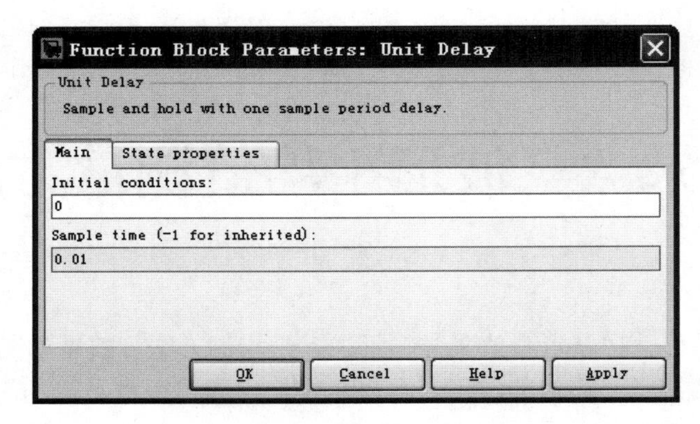

图 A-3　延时模块参数设置

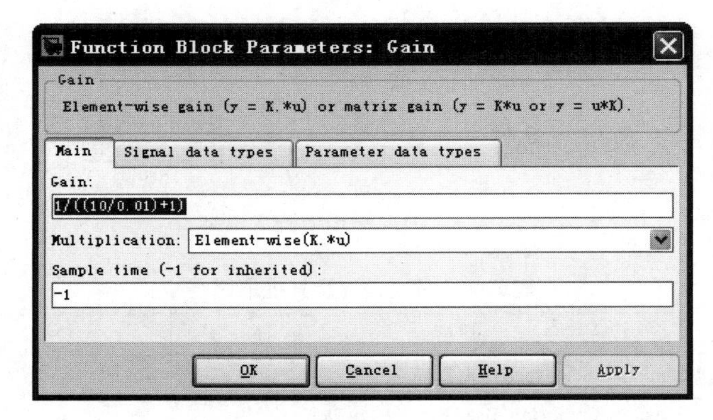

图 A-4　增益模块参数设置

参考文献

[1] 王波等. 电力电子技术仿真项目化教程[M]. 北京：北京理工大学出版社, 2016.

[2] 林飞, 杜欣. 电力电子应用技术的 MATLAB 仿真[M]. 北京：中国电力出版社, 2008.

[3] 莫正康. 电力电子应用技术[M]. 北京：机械工业出版社, 2008.

[4] 潘孟春, 胡媛媛. 电力电子技术实践教程[M]. 长沙：国防科技大学出版社, 2005.

[5] 王兆安, 黄俊. 电力电子技术[M]. 北京：机械工业出版社, 2008.

[6] 龚素文. 电力电子技术[M]. 北京：北京理工大学出版社, 2009.

[7] 李维波. MATLAB 在电气工程中的应用[M]. 北京：中国电力出版社, 2007.

[8] 洪乃刚. 电力电子和电力拖动控制系统的 MATLAB 仿真[M]. 北京：机械工业出版社, 2006.

[9] 求是科技. MATLAB7.0 从入门到精通[M]. 北京：人民邮电出版社, 2006.